QUINOLOGIE.

Paris. — Imprimerie de L. MARTINET, rue Mignon, 2.

QUINOLOGIE

DES QUINQUINAS

ET

DES QUESTIONS QUI, DANS L'ÉTAT PRÉSENT DE LA SCIENCE ET DU COMMERCE, S'Y RATTACHENT AVEC LE PLUS D'ACTUALITÉ,

PAR

M. A. DELONDRE,

Pharmacien et fabricant de sulfate de quinine à Graville (Havre), membre de l'ancienne Société Pelletier, Delondre et Levaillant;

ET PAR

M. A. BOUCHARDAT,

Professeur d'hygiène à la Faculté de médecine de Paris, membre de l'Académie impériale de médecine, Pharmacien en chef de l'Hôtel-Dieu, etc.

Il en a été de même jusqu'à nos jours de tous les quinquinas : chacun a fourni sa dénomination particulière, et à la suite de tant de discussions sur la classification botanique des espèces et sur leur efficacité, il est né une confusion que l'analyse seule, à notre avis, peut faire cesser en présentant les écorces sous le nom de leur provenance et avec leur valeur en alcaloïdes. D'après cette manière de voir, nous avons eu pour but de faire plutôt un *traité pratique* qu'un ouvrage de science.

Avec 23 planches.

PARIS,

GERMER BAILLIÈRE, LIBRAIRE-ÉDITEUR,

17, RUE DE L'ÉCOLE-DE-MÉDECINE.

LONDRES, H. BAILLIÈRE, 219, REGENT-STREET.

MADRID, CH. BAILLY-BAILLIÈRE.

NEW-YORK, CH. BAILLIÈRE.

1854.

INTRODUCTION.

Nous croyons que, pour ceux qui ont consacré une partie de leur vie à quelque étude spéciale, c'est un devoir d'écrire le résultat de leurs observations, afin d'ouvrir la voie aux plus jeunes, qui feront mieux ensuite. En conséquence, nous avons mis en commun notre expérience et le résultat de nos recherches, avec l'espoir de rectifier ce que nous avons trouvé d'inexact dans les ouvrages qui ont précédé le nôtre. D'autres viendront après nous, qui nous rectifieront nous-mêmes, et c'est avec cette pensée de progrès successifs que nous nous sommes mis à l'œuvre.

QUINOLOGIE

OU

DES QUINQUINAS.

PREMIÈRE PARTIE.

APERÇU HISTORIQUE DES QUINQUINAS.

Malgré ce qui a été écrit jusqu'à ce jour, l'histoire des quinquinas nous paraissait très obscure, et tout en rendant justice aux savants qui s'en sont occupés, et surtout à M. Weddell, qui nous a fourni tant de précieux documents sur l'histoire générale des quinquinas, et en particulier sur ceux de la Bolivie et du sud du Pérou, nous avons cru utile, en profitant de leurs lumières, de chercher à compléter ce qu'ils n'ont pas assez bien expliqué, et de traiter de nouveau les points sur lesquels ils ont sans doute été mal renseignés.

Nous devons de sincères remercîments à M. le docteur Lemercier, sous-bibliothécaire du Muséum, pour la complaisance avec laquelle il nous a mis à même de consulter par ordre les principaux auteurs anciens qui ont parlé du quinquina.

Nous n'avons pas jugé nécessaire, dans nos citations, de remonter plus haut que l'année 1792, parce que c'est à cette époque que la *Quinologie* de Ruiz a jeté quelque jour sur l'histoire de cette précieuse écorce, dont les vertus étaient déjà bien constatées depuis un siècle et demi, mais dont l'origine était encore assez incertaine, malgré le remarquable ouvrage de Torti, *De febribus*, publié à Venise en 1732, et celui de Wahl, à Copenhague en 1790, traduit en anglais par Lambert, Londres, 1797.

Dans le prologue de sa *Quinologie*, Ruiz s'exprime ainsi : « .... Avec le secours des notes communiquées à Linné par notre illustre botaniste et naturaliste, don Josef Celestino Mutis, à l'occasion de ses nombreuses recherches dans le royaume de Santa-Fé pendant près de trente ans, nous devons espérer d'excellentes observations sur le véritable arbre de quinquina et l'histoire de quelques variétés....... J'ai eu en ma possession un manuscrit authentique du docteur Mutis qui comprend, entre autres choses, un résumé des vertus des quinquinas *orangé*, *rouge*, *jaune* et *blanc*. Quelles lumières ne devons-nous pas nous promettre de la publication de la *Quinologie* d'un si savant médecin et botaniste (1)! »

Dans les *Annales d'histoire naturelle de Madrid*, 1800, on trouve le passage suivant au sujet du mémoire que Zea y a inséré, et dans lequel, en rendant compte des travaux de Mutis, dont il avait été l'élève et le collaborateur, il annonce la supériorité des quinquinas de la Nouvelle-Grenade sur ceux découverts et décrits par Ruiz. « .... La *Quinologie de Bogota* a toujours été l'œuvre de prédilection de Mutis; il dit qu'il a employé trente-sept ans de sa vie à faire des observations sur cette science (2). »

Elle est divisée en deux parties : la première, *botanique*, dans laquelle il donne la description, accompagnée de superbes dessins, de *sept espèces de quinquina* avec différentes variétés. La seconde partie est entièrement *médicale;* il démontre que jusqu'alors *l'emploi du quinquina a été abandonné aux charlatans et prescrit au hasard.*

Nous attachons une grande importance à ces citations et à celles qui vont suivre, pour prouver que la collection des quatre espèces annoncées par Ruiz en 1792 était arrivée à *sept* en 1800, et parce que le passage que nous venons de transcrire confirme l'attention que Mutis portait à constater les vertus particulières de chaque espèce nouvelle.

(1) *Quinología, ó tratado del árbol de la quina*, por don Hipolito Ruiz. Madrid, 1792. — « ..... Con el auxilio de las noticias comunicadas á Linneo por nuestro insigne botánico y naturalista don Josef Celestino *Mutis*, cuyas esmeradas y dilatadas tareas, en el reino de Santa Fe, por espacio de cerca treinta años, debemos prometernos excelentes observaciones sobre el verdadero árbol de la quina y la historia de algunas especies..... Ha llegado á mis manos cierta instruccion manuscrita del mencionado doctor Mutis..... Comprende la citada instruccion, entre otras causas, un resúmen de las virtudes, de las especies de quinas, *anaranjada*, *roja*, *amarilla*, *y blanca*..... ¡Qué luces no podemos prometernos de la publicacion de la quinología de *tan sabio médico y botanista!* »

(2) *Anales de historia natural*. Madrid, 1800. — « ..... La quinología de Bogota ha sido siempre la obrita predilecta de Mutis, y en la que dice haber empleado treinta y siete años de observaciones, contiene dos partes, la primera botánica, en que da las descripciones, y soberbias estampas de *siete especies* de cinchona, con unas cuantas variedades..... La segunda parte es toda médica, en ella manifiesta que la aplicacion de la quina ha sido hasta el dia, empírica y aventurada. »

Remarquons dès à présent que Ruiz et Pavon, dans le *Supplément à la Quinologie* (Madrid, 1801), ont plutôt dirigé leurs attaques contre l'élève, mais ils ne peuvent s'empêcher de rendre justice au maître, comme Ruiz l'avait fait en 1792 :

« ...... D'autres personnes qui ont été à Santa-Fé sont d'accord sur l'importance de la collection du docteur Mutis; mais elles ajoutent qu'il serait malheureux que ce botaniste ne publiât pas *lui-même* son ouvrage, parce que, en passant par d'autres mains, on peut craindre de voir répéter la confusion que Zea a faite des quatre quinas de son maître avec ceux de Loxa et du Pérou (1). »

Quelque déplorable que soit l'aigreur avec laquelle chacun des savants de ces deux expéditions a voulu justifier la prééminence de ses découvertes, nous sommes forcés de les suivre dans leur querelle, afin de ramener la question à son véritable point de vue.

Ruiz et Pavon, chefs de l'expédition scientifique du Pérou, ne connaissaient que les quinquinas de Loxa et ceux des forêts de Huanuco, au nord de Lima, parce qu'ils n'étaient pas sortis de cette partie du nouveau monde; et Zea, l'élève et le collaborateur de Mutis, chef de l'expédition de la Nouvelle-Grenade, qui écrivait sur les documents de son maître, ne connaissait pas les quinquinas du Pérou. Ce conflit est vraiment regrettable, puisque, par la comparaison des feuilles et des écorces, ils auraient évité un pareil malentendu sous le rapport botanique et médical, et qu'ils auraient éclairé la science au lieu d'y répandre l'obscurité par leur division. Quant à l'efficacité des écorces, l'analyse prouve aujourd'hui que Mutis et Zea avaient raison de prétendre que les quinquinas de la Nouvelle-Grenade l'emportaient sur ceux qui avaient été préférés dans l'origine, et qui provenaient des forêts de Loxa.

Zea dit dans son mémoire : « Il existe *sept espèces véritables,* découvertes par Mutis, avec *beaucoup d'autres variétés qui sont officinales* (2).

Ruiz et Pavon répondent : « Nous sommes forcés, pour la défense de notre œuvre, de réfuter les allégations de M. Zea, et pour le bien de l'humanité nous nous trouvons dans l'obligation de prévenir le public que les quinquinas de Santa-Fé sont des espèces bien différentes de celles de Loxa et du Pérou, reconnues comme excellentes et supérieures dans l'emploi médical..... Le premier quinquina de la *Quinologie* est reconnu par tous les *cascarilleros* de Loxa qui exploitèrent la province de Huanuco comme l'espèce supérieure et la plus estimée dans le commerce et en médecine..... Il nous paraît également impossible que l'Amérique

(1) « Convienen otras personas, que han estado en Santa Fe, en que es grande la coleccion del doctor Mutis, peró añaden que será lástima, que este botánico no publique *el mismo* su obra, porque, en otras manos, es de temer se repita la confusion que ha hecho el señor Zea de las cuatro quinas de su maestro con las de Loxa, y demás peruvianas. »

(2) « ..... Siete son las especies descubiertas por el señor Mutis, con mas cuantas variedades de *las oficinales*, etc., etc. »

septentrionale puisse produire des quinquinas de bonne qualité, comme ceux du Pérou (1). »

Les raisons avancées par Ruiz et Pavon pour justifier la préférence à donner aux quinquinas de Loxa et de Huanuco sur ceux de la Nouvelle-Grenade reposent sur l'expérience de cent soixante ans; et précisément ce sont les mêmes quinquinas que l'on exclut aujourd'hui, non pas seulement parce qu'ils sont moins riches en alcaloïdes, mais *parce qu'ils sont en grande partie à base de cinchonine.*

MM. de Humboldt et Bonpland, qui ont successivement parcouru les forêts de Loxa et de Quito, ont pu seuls établir la comparaison et rendre justice à chaque découverte, et nous verrons plus tard avec quel enthousiasme M. de Humboldt s'exprime dans l'article MUTIS de la *Biographie universelle des frères Michaud*, 1821.

Voici la conclusion de Ruiz et Pavon : « En définitive, il est indispensable de réunir tous les matériaux des quinquinas de Santa-Fé et de Loxa, pour que, de leur examen comparatif, on puisse établir un classement complet et une distinction exacte de toutes les espèces que l'on trouve dans le commerce, et que l'on procède avec connaissance de cause aux expériences et observations médicales, afin de placer les espèces par ordre, selon leurs vertus et l'efficacité que l'on trouve dans chacune d'elles (2). »

A plus de cinquante ans de distance, nous avons agi sous la même inspiration, et nous nous étonnons que Ruiz et Pavon n'aient pas réalisé cette bonne pensée d'épreuves comparatives.

Outre la certitude que nous avons acquise de la valeur thérapeutique de chaque écorce, grâce aux immortels travaux de Pelletier et Caventou, il nous a été permis d'étudier les feuilles des quinquinas de la Nouvelle-Grenade recueillies dans diverses parties des montagnes, et qui ne nous paraissent pas différer des feuilles que nous avons vues dans les forêts de Santa-Ana, et de celles qui proviennent de notre première expédition en Bolivie.

Cette collection, composée de trente spécimens, qui nous a été donnée par don Rafael Duque Uribe de Bogota, est jointe aux échantillons de toutes les écorces de

(1) « .....Nos es forzoso, en defensa de nuestra obra, de rebatir las impugnaciones del señor Zea, y por el bien de la humanidad, estamos obligados á manifestar al público, que las quinas de Santa Fe son especies muy diversas de las de Loxa, y demás peruvianas, admitidas como finas, y superiores en el uso médico..... La primera quina de la Quinología es reputada por los cascarilleros de Loxa que pasaron á Huanuco, por la especie superior, y de mas estimacion en el comercio, y en la medicina..... Tampoco nos parece imposible que pueden criarse en la América setentrional, las exquisitas peruvianas. »

(2) « Finalmente : es indispensable hacer una reunion de todos los materiales de las quinas de Santa Fe, de las de Loxa, y de las demás peruvianas, para quede su exámen comparativo, resulta y se establezca un conocimiento completo, y distincion exacta de todas las especies que giran en el comercio ; y se proceda con conocimiento de causa á los experimentos y observaciones médicas, á fin de colocar por órden las especies, segun las virtudes y eficacia, que se descubren en cada una. »

quinquina que nous avons décrites, et que nous avons réunies pour les offrir au Muséum d'histoire naturelle.

Après avoir publié, en 1816, ses *Recherches chimiques et pharmaceutiques sur le quinquina*, Laubert compléta ce beau travail par un nouvel article plus étendu dans le *Dictionnaire des sciences médicales*, en 1820, où se trouve consignée l'opinion de tous les auteurs qui ont parlé du quinquina et qu'il a consultés. C'est dans ces savants articles que nous choisissons une grande partie des renseignements qui vont suivre.

Nous ne résistons pas à copier textuellement les premières lignes de son mémoire. 1820.

« Ce médicament, le plus précieux de tous ceux que possède l'art de guérir, est » une des plus grandes conquêtes faites par l'homme sur l'empire végétal. Les trésors » que le Pérou renferme, et que les Espagnols couraient y arracher du sein de la » terre, ne peuvent être comparés, sous le rapport de l'utilité, avec l'écorce de » l'arbre à quinquina, qu'ils y recueillirent aussi et qu'ils dédaignèrent ou ignorèrent » longtemps..... Il n'est point d'épithète qu'il ne justifie, lorsqu'il est manié par des » mains habiles et qu'on en fait un usage éclairé. On peut trouver à l'opium, à l'ipé- » cacuanha, au séné, au musc, etc., des succédanés dans notre pays. Nous n'en con- » naissons point encore qui puisse remplacer la propriété la plus remarquable du » quinquina, qui puisse, comme lui, arracher des bras de la mort l'homme dévoré » par une fièvre pernicieuse, qui montre plus puissamment les ressources et l'habi- » leté de l'art de guérir, et qui le venge mieux de ses injustes détracteurs. »

Tous les auteurs qui se sont occupés de l'histoire des quinquinas jusqu'à nos jours, et même Walckenaër, dans sa *Vie de La Fontaine*, à l'occasion du poëme sur le quinquina, ont répété avec plus ou moins de détails ce qui a été dit par Ruiz sur l'origine de la découverte des quinquinas. Nous préférons la version originale de ce savant :

« Il est probable que les Indiens de la province de Loxa connurent les vertus du » quinquina et l'employèrent contre les fièvres intermittentes bien des années avant » la conquête du Pérou par les Espagnols. Pendant mon séjour au Pérou, j'ai en- » tendu souvent des personnes dignes de foi raconter par tradition que dans l'année » 1636 un Indien de la province de Loxa fit connaître la vertu du quinquina au cor- » régidor, qui souffrait de fièvres intermittentes. Le corrégidor, désireux de guérir, » demanda de ces écorces à l'Indien et la manière de les employer, qui était de les » faire infuser dans l'eau; il suivit les instructions de l'Indien, se débarrassa en peu » de jours de la fièvre, et en continuant l'usage de ce médicament il finit par re- » couvrer tout à fait la santé. Les mêmes personnes m'ont assuré que, dans l'année » 1638, le corrégidor ayant appris que la vice-reine souffrait aussi d'une fièvre tierce, » écrivit au vice-roi, le comte de Cinchon, et lui envoya des écorces de quinquina, » en lui annonçant leur admirable vertu. Il ajoutait qu'il ne mettait pas en doute » que la vice-reine ne fût débarrassée promptement de ses accès de fièvre. Le vice-

» roi, persuadé que personne mieux que le corrégidor ne pourrait administrer le » remède, le fit venir à Lima et voulut qu'il en fît lui-même l'épreuve sur les fiévreux » de l'hôpital avant de le donner à la vice-reine. Le corrégidor expérimenta en pré» sence des médecins, et en peu de jours tous les malades qui avaient suivi le trai» tement furent guéris de la fièvre. Après tant d'épreuves évidentes, la comtesse prit » de cette écorce: en peu de jours les accès disparurent, et elle recouvra complète» ment la santé, qu'elle avait perdue depuis six mois. »

La comtesse de Cinchon, en reconnaissance de ce bienfait, fit distribuer gratuitement ce remède, qui conserva longtemps le nom de *poudre de la Comtesse*, ensuite il prit celui de *poudre des Jésuites*, parce que c'était à eux que la vice-reine en avait confié une certaine provision avant de quitter Lima, en 1640, pour qu'ils en répandissent l'usage. C'est pour immortaliser le nom de la comtesse de Cinchon que Linné, dans sa classification botanique, a appelé *Cascarilla Cinchona* l'arbre qui fournit cette précieuse écorce.

Le nombre des auteurs qui ont écrit sur l'arbre qui produit le quinquina est considérable, mais quelques uns seulement, tels que La Condamine en 1737, Joseph de Jussieu en 1739, Santesteban en 1755, Mutis de 1760 à 1800, Renquifo en 1772, Ruiz en 1790, Zea en 1800, Pavon en 1801, Tafalla de 1802 à 1808, de Humboldt et Bonpland en 1807, Bergen en 1822, Weddell en 1847, ont vu cette plante dans l'Amérique méridionale. Les autres auteurs n'en ont examiné que les échantillons secs.

M. de Humboldt est sans contredit un des auteurs qui ont le mieux fait connaître l'histoire de ces arbres dans les deux mémoires qu'il a publiés sur les forêts de quinquina (1). Cé savant a vécu pendant quatre ans dans les contrées de l'Amérique du sud où les quinquinas sont indigènes. Il les a vus au nord de l'équateur, entre Honda et Santa-Fé de Bogota, au sud de la ligne équinoxiale, dans la province de Loxa, dans celle de Jaën, de Bracamoros, etc., etc., et pendant le temps qu'il a séjourné avec Mutis, ce naturaliste a mis à sa disposition toutes ses collections botaniques. Beaucoup de détails sur le même sujet lui ont été communiqués à Guayaquil, port de Quito, par M. Tafalla, et à Loxa par don Vicente Olmedo, inspecteur royal des forêts de quinquina, et en Espagne par les éditeurs de la *Flore du Pérou*, etc., etc.

Le quinquina le plus renommé par ses propriétés fébrifuges a été connu en 1638, sous le nom de *Quinquina d'Uritusinga*. Mutis et Zea ont cru que leur quinquina orangé, *C. lancifolia*, était identique avec celui d'Uritusinga, tandis que Ruiz et Pavon l'ont cru synonyme de leur *C. nitida*. La discussion qui s'est élevée entre ces botanistes a duré longtemps, mais aucun d'eux n'a pu décider la question, comme l'ont fait depuis MM. de Humboldt et Bonpland, qui ont prouvé que le quinquina

(1) Nous citons ce que dit Laubert ; mais nous n'avons pas besoin de rappeler le bel ouvrage de M. Weddell, *Histoire naturelle des quinquinas*, dont nous aurons l'occasion de parler plus d'une fois.

d'Uritusinga, auquel ils ont donné le nom de *C. Condaminea*, n'est ni le quinquina orangé de Mutis, ni aucune des espèces décrites par Ruiz et Pavon, mais une espèce particulière qui était réservée pour la famille royale, à Madrid.

C'est dans cette espèce de quinquina que Laubert a trouvé la cristallisation que Gomez avait désignée sous le nom de *Cinchonin*, et que Pelletier et Caventou ont reconnue comme alcali organique, qu'ils ont combiné avec l'acide sulfurique pour en obtenir le sulfate de cinchonine. Tel a été le premier pas vers l'autre alcali organique, *quinine*, et qui a donné une si grande valeur au quinquina *calisaya*, dont il était extrait.

En 1789, il a été parlé pour la première fois de ce *quinquina calisaya;* Vitet, médecin de Lyon, fit connaître l'importance de cette écorce sous le rapport de la thérapeutique. En 1816, Laubert faisait cette remarque curieuse : « On estime beaucoup le *quinquina calisaya* en Espagne, et des médecins très habiles m'ont assuré à Madrid que le mélange d'une partie de cette écorce avec trois ou quatre de Loxa est d'une grande efficacité dans les fièvres ataxiques. » Ainsi, à cette époque, on avait déjà constaté dans la pratique les bons résultats du mélange des quinquinas à base de quinine avec ceux à base de cinchonine. En 1820, Laubert disait aussi : « Le quinquina jaune, très connu sous le nom de *calisaya*, est maintenant le plus employé dans la pharmacie; on vend trois livres de celui-ci contre une livre de gris. » Le prix seul explique cette différence dans le débit, car le premier coûte trois francs, tandis que l'autre en vaut douze. Pour l'emploi, il est à regretter qu'on se serve moins du quinquina gris, car *il est certainement plus efficace lorsqu'il s'agit de traiter des fièvres intermittentes graves.* Depuis la découverte du sulfate de quinine, c'est le *quinquina calisaya* qui est monté successivement à trois ou quatre fois la valeur du quinquina de Loxa, qui n'a presque plus d'emploi.

La première description assez complète de l'arbre de quinquina est due à La Condamine; son travail fut imprimé dans les *Mémoires de l'Académie* en 1738. Joseph de Jussieu visita aussi les environs de Loxa en 1739.

On ne soupçonnait pas, à l'époque où La Condamine décrivit le quinquina d'Uritusinga, qu'on aurait découvert plus tard cet arbre au nord de l'équateur. Le premier indice de son existence est dû à don Miguel de Santesteban, en 1755, dans les environs de Popayan.

M. de Humboldt, qui a lu sa relation autographe, pense que la découverte de Santesteban resta ignorée dans les papiers de la vice-royauté (1). Cependant, il en communiqua les échantillons à Mutis, auquel il était réservé, dit M. de Humboldt, *de faire connaître les trésors botaniques de la Nouvelle-Grenade, et de donner à la découverte des quinquinas de cette partie de l'Amérique toute l'importance qu'elle méritait,*

(1) Sans doute cette découverte se rapporte au quinquina *Pitayo.*

Mutis arriva en Amérique en 1760; il signala ses premières découvertes quelques années après.

Don Francisco Renquifo s'est aussi distingué par les cinchonas qu'il découvrit en 1776 près de Huanuco, et qui furent décrits en 1801 par Ruiz et Pavon.

Tandis que Ruiz et Pavon s'occupaient à décrire les espèces péruviennes, Mutis, secondé principalement par Zea, travaillait à la description de cinchonas qui croissent de l'autre côté de la ligne équinoxiale, dans la Nouvelle-Grenade, aux environs de Santa-Fé de Bogota.

Linné avait donné le nom d'*officinalis* au cinchona décrit par La Condamine; il désigna depuis sous le même nom l'espèce de laquelle provenait un nouvel échantillon qu'il venait de recevoir de Mutis. Vahl a désigné cette espèce sous le nom de *macrocarpa*, mais il a reconnu depuis qu'elle était le *C. ovalifolia* de Mutis, ou le *C. pubescens*. Ainsi, depuis 1767, on a donné le nom d'*officinalis*, ou *C. Condaminea*, au *C. macrocarpa*, au *C. pubescens*, et Ruiz, dans sa *Quinologie*, a donné le même nom au *C. nitida* de la *Flore du Pérou.*

Il en a été de même jusqu'à nos jours de tous les quinquinas; chacun a fourni sa dénomination particulière, et à la suite de tant de discussions sur la classification botanique des espèces et sur leur efficacité, il est né une confusion que l'analyse seule, à notre avis, peut faire cesser en présentant les écorces sous le nom de leur provenance et avec leur valeur en alcaloïdes. D'après cette manière de voir, nous avons eu pour but de faire plutôt un traité pratique qu'un ouvrage de science.

Jusqu'en 1820, le quinquina de Loxa et l'orangé de Mutis étaient les deux espèces les plus estimées, malgré la découverte du *calisaya*, qui n'était pas encore très répandu, et dont la valeur ne fut bien reconnue que par la fabrication du sulfate de quinine; mais le premier était préféré au second par les praticiens espagnols les plus éclairés, malgré l'autorité de Mutis.

La découverte des cinchonas de la Nouvelle-Grenade et du Pérou fit naître sur les qualités médicamenteuses de ces écorces des opinions *moins fondées sur la valeur médicale que sur les intérêts des négociants.*

« Les maisons de commerce en Espagne, qui depuis un demi-siècle possédaient le monopole du quinquina de Loxa, cherchèrent, dit M. de Humboldt, à faire déprécier celui de la Nouvelle-Grenade; elles trouvèrent des botanistes complaisants qui, en élevant les variétés au rang d'espèces, prouvèrent que les quinquinas du Pérou étaient spécifiquement différents de ceux qui croissent autour de Santa-Fé. Lorsque le commerce de l'écorce des quinquinas de Huamalies et de Huanuco, vantés par Ortego, Ruiz et Pavon et Tafalla, tomba entre les mains de ceux qui faisaient l'ancien commerce avec le quinquina de Loxa, ces nouvelles écorces du Pérou trouvèrent une entrée plus facile en Europe que ceux de Santa-Fé; mais ces derniers, que les Anglais et les Américains du nord pouvaient se procurer plus facilement à

Carthagène, obtinrent une grande renommée en Angleterre, en Allemagne et en Italie. L'influence de la ruse mercantile alla même jusqu'au point qu'on brûla à Cadix, par ordre du roi, une grande quantité du meilleur quinquina orangé récolté par Mutis aux frais du roi, tandis qu'il régnait dans tous les hôpitaux militaires espagnols la plus grande disette de ce produit précieux de l'Amérique méridionale. *Une partie de ce quinquina destiné aux flammes fut secrètement achetée à Cadix par des marchands anglais, et vendue à Londres à des prix très élevés.* »

Ce n'est pas nous qui venons de parler, c'est Laubert, qui invoque le témoignage de M. de Humboldt. Mais qui aurait pensé qu'à plus de trente ans de distance pareils faits se seraient renouvelés sous d'autres formes, et auraient eu chez nous les mêmes résultats pour les quinquinas de la Nouvelle-Grenade, que l'on voulait proscrire sous l'influence d'une circulaire étrangère, si nous n'eussions appelé à notre aide la connaissance de leur richesse en alcaloïdes?

Nous avons lu avec tant d'intérêt, dans la *Biographie universelle des frères Michaud*, 1821, l'article Mutis, signé de Humboldt, que nous ne pouvons nous refuser au plaisir d'en extraire quelques passages :

« Don Josef Celestino Mutis est né à Cadix en 1732; Linné l'appelait : *Philologorum americanorum princeps;* et ailleurs : *Nomen immortale quod nulla ætas unquam delebit.* C'est à lui que l'on doit la découverte des quinquinas dans des contrées où l'on en ignorait l'existence; l'influence bienfaisante qu'il a exercée sur la civilisation et le progrès des lumières, dans les colonies espagnoles, lui assigne un rang distingué parmi les hommes qui ont illustré le nouveau monde. Il a travaillé sans relâche pendant quarante ans. » En 1801, MM. de Humboldt et Bonpland séjournèrent à Santa-Fé de Bogota, et jouirent de la noble hospitalité de Mutis, qui leur montra toutes ses collections et ses dessins; et il continua jusqu'à sa mort (2 septembre 1808) à accumuler des matériaux pour son travail, sans pouvoir s'arrêter à un projet fixe sur le mode de publication qu'il devait adopter.

Au milieu des guerres de l'indépendance, survenues peu après sa mort, les élèves qui l'entouraient et les dépositaires de ses manuscrits ont péri, et la plus grande partie de ses écrits ont été perdus, ainsi que le fruit de ses infatigables travaux.

Il n'a été célèbre en Europe que par les communications qu'il a faites dans sa correspondance à Linné, qui appréciait la grandeur de ce génie dans les termes que nous venons de rappeler.

Nous regardons encore comme important de transcrire quelques fragments de l'article nécrologique publié par Caldas dans le *Semanario de la Nueva Granada*, et qui a pour épigraphe : *Finis vitæ ejus nobis luctuosus, patriæ tristis, extraneis etiam, ignotisque non sine curâ fuit* (Tacitus, *Vit. Agric.*).

« Le 2 septembre mourut dans cette capitale le docteur Mutis. Quelle perte pour » les sciences, pour la patrie et pour la vertu !.... Ce grand homme naquit à Cadix

» de parents honorés et vertueux..... En 1760, il débarqua à Carthagène..... A peine » parvenu sur les côtes de la Nouvelle-Grenade, il commença à recueillir et à décrire » ses plantes bien-aimées..... Il établit alors sa correspondance avec l'immortel » Linné et d'autres savants de l'Europe; il leur envoya des collections et des dessins » qui lui méritèrent les éloges les plus flatteurs..... *Nous pouvons assurer qu'aucun » mortel ne connaissait mieux le genre quinquina.* En 1772, il découvrit un de ces » arbres précieux dans la montagne de Tena, à six lieues de cette capitale (1)..... » L'envie et la rivalité peuvent abuser le public sur le véritable auteur de cette im- » portante découverte; mais nous, qui avons eu le bonheur de voir les preuves irré- » cusables à l'appui de ce fait et de l'apprendre de Mutis lui-même, nous ne pouvons » nous lasser d'admirer la résignation et la modestie de cet homme vertueux. Le » temps est venu pour sa famille d'éclairer le public et de fournir les preuves victo- » rieuses de sa découverte, pour imposer silence à ses ennemis. Le respect que nous » devions à notre chef, l'ordre qu'il nous avait donné de nous taire, nous a fait » garder un silence forcé et douloureux. Mais, dans un écrit que nous préparons, » nous confondrons les envieux de sa gloire; et les rivaux du nom de Mutis se repen- » tiront plus d'une fois de leurs injures envers ce savant paisible et chrétien..... A » peine se fut-il assuré de la légitimité de l'espèce de quinquina qu'il avait découverte, » qu'il s'occupa d'en chercher d'autres; il ne s'arrêta pas là : les vertus de chaque » espèce attirèrent son attention; il en fit l'application comme médecin, etc. (2) »

(1) Nous pensons que cette première découverte doit s'appliquer au quinquina orangé, qui d'après la géographie des plantes équinoxiales de MM. de Humboldt et Bonpland, se trouve à la limite supérieure des quinquinas, 2900 mètres au-dessus du niveau de la mer (la limite inférieure est de 700 mètres). Nous avions d'abord pensé qu'il avait rencontré son quinquina rouge à la même latitude, qui est celle des forêts de Quito, où l'on trouve le quinquina rouge plus anciennement connu, et qui présente tant d'analogie avec celui de Mutis, non seulement par sa couleur, mais par les alcaloïdes qu'il renferme, puisqu'en outre de la quinine et de la cinchonine, on y trouve en aussi grande abondance la cristallisation particulière dite *quinidine*. Mais depuis peu de temps, nous avons acquis la certitude que c'est dans la région la plus basse que se trouvent les forêts de quinquina rouge dans la Nouvelle-Grenade.

(2) « El dia 2 setiembre (1808) murió en esta capital, el doctor José Celestino Mutis: ¡ qué perdida para las ciencias, para la patria, y para la virtud!..... Este hombre grande nació en Cadiz el 6 de abril de 1732, de unos padres honrados y virtuosos..... En 1760 desembarcó en Cartagena..... Apénas pisó las costas de la Nueva Granada, comenzó á colectar y á describir sus amadas plantas..... Entonces, estableció su correspondencia con el inmortal Linneo, y con otros sabios de la Europa; entonces remitió colecciones y diseños que le merecieron los elogios mas lisonjeros..... Podemos afirmar que ningun mortal ha conocido mejor el género cinchona. En 1772 descubrió una de estas plantas preciosas, en el monte de Tena, á seis leguas de esta capital (Santa Fe de Bogota)..... La envidia, la rivalidad podrán fascinar á los incautos, y al público sobre el verdadero autor de este importante descubrimiento, pero su familia, los que hemos tenido la dicha de oirle y de ver las pruebas irrefragables en que se apoya la verdad de este echo, no podemos dejar de admirar la modestia y el sufrimiento de este hombre virtuoso. Pero ha llegado el tiempo de que su familia desengañe al público, de que presente las pruebas victoriosas de su hallazgo, que responda á las injurias, y haga callar á sus enemigos. El respeto que debíamos á nuestro director, el precepto que teníamos de callar, nos ha mantenido en un silencio forzado y doloroso. En un escrito que prepa-

Dans les écrits inédits de Caldas, l'éditeur de la nouvelle édition du *Semanario de la Nueva Granada* a cru devoir publier une supplique *secrète* que Caldas adressait au secrétaire de la vice-royauté, chargé des affaires de l'expédition botanique de Santa-Fé de Bogota, dont Mutis avait été le chef et avait attaché Caldas à cette expédition depuis 1802. Cette supplique a été retrouvée dans les papiers de la vice-royauté, et n'était certainement pas destinée à voir le jour, car elle est datée du 30 septembre 1808; elle a donc été adressée vingt-huit jours après la mort de Mutis, *et par conséquent a été écrite presque en même temps que l'article nécrologique!*

Il est pénible de s'arrêter, même quelques instants, aux éloges que Caldas se prodigue aux dépens de Mutis et aux injures qu'il adresse *en secret* à la mémoire du chef dont il vantait *publiquement* la modestie et la science, *en promettant de confondre sous peu les envieux de cette grande âme.*

Bornons-nous à copier la triste conclusion de cette lettre.

« ...... Je termine ma relation déjà trop longue..... et je demande en même temps » à être chargé de la conservation et de la continuation des travaux de l'observatoire » astronomique, *à la condition d'appointements modérés, mais cependant suffisants pour » vivre* (1)! »

En résumé, Mutis n'a eu pour détracteur après sa mort, comme nous venons de l'expliquer, que Caldas, son élève, dans le but d'obtenir de la vice-royauté la remise des manuscrits de ce savant, une place et de l'argent! Son nom n'en restera pas moins impérissable pour la découverte de ses quinquinas, comme les noms de Pelletier et Caventou sont impérissables pour la découverte du sulfate de quinine.

Dans ces derniers temps, à l'occasion d'une mauvaise écorce à laquelle on avait voulu donner le nom de *quinquina nova*, et qui se trouve dans la collection du Muséum ou quelque autre, sous le nom de *quinquina rouge de Mutis*, en prétendant qu'elle avait été rapportée par M. de Humboldt, on a voulu attribuer cette bévue à Mutis, tandis qu'il était plus simple et plus vrai de reconnaître que cette écorce avait été mal choisie ou mal étiquetée.

En effet, à qui peut-on faire accroire que celui qui était appelé par Ruiz *tan sabio médico*, et dont il annonçait avoir connu confidentiellement les observations dans le traitement des fièvres pour *chaque espèce de quinquina*, se serait abusé pendant plus de trente ans sur les propriétés d'une écorce *inerte*, quand il avait à sa disposition

ramos se desengañaron los envidiosos de su gloria, y los rivales del nombre de Mutis se arrepentirán mas de una vez de haber lanzado tantas injurias contra este sabio pacífico y cristiano..... Apénas se aseguró de la legitimidad de la especie que habia hallado, comenzó á solicitar otras. No paró aquí, las virtudes de cada una le llamaron toda su atencion. Como médico los aplicó, y nos ha dejado los mas preciosos descubrimientos para restablecer nuestra salud.»

(1) «Señor secretario del Vireinato, y juez comisionado para los asuntos de la expedicion botánica de Santa Fe. ..... Yo concluyo mi relato ya demasiado largo..... Yo me ofrezco, al mismo tiempo, á mantener el decoro y los trabajos del observatorio astronómico, con un *moderado pero regular sueldo para mi subsistancia.*

« Santa Fe, setiembre 30 de 1808.— Francisco José de Caldas.»

une espèce bien caractérisée, qui croissait au milieu des autres, et dont il avait suivi l'action bienfaisante dans certaines fièvres? On a vu aussi que Caldas disait: *les vertus de chaque espèce attirèrent toute son attention, et il en fit l'application comme médecin.*

Il y a trois ans environ, un négociant de Bogota a commis la même erreur, qui lui a coûté cher : il avait expédié à MM. Bergès et Binos, du Havre, près de quatre cents surons de cette fausse écorce, qui ont été abandonnés à la douane et brûlés publiquement. Depuis, ce même négociant a reconnu sa méprise; il a exploité plusieurs centaines de surons du vrai quinquina rouge de Mutis, et sur les échantillons il est convenu qu'il s'était étrangement trompé dans les forêts en prenant l'un pour l'autre, et il a rendu justice à l'exactitude de nos observations. Toutefois, nous ne l'avons pas encouragé dans cette nouvelle exploitation, puisque c'est dans cette espèce que se rencontre la plus grande proportion de la cristallisation appelée *quinidine*, et contre laquelle on a crié anathème, comme contre la *cinchonine*, sans plus de motifs, à notre avis.

MM. Quesnel frères et Cie, du Havre, ont reçu aussi, comme quinquina supérieur, une forte partie d'écorces à peu près semblables, récoltées dans les forêts de la République argentine et embarquées à Buenos-Aires; ces écorces ont été également brûlées publiquement. Nous devons à l'obligeance de MM. Quesnel les échantillons que nous joignons aux précédents dans la collection que nous avons offerte à la Faculté de médecine.

Un autre lot de l'intérieur du Brésil, venu par Rio-Janeiro à l'adresse de M. Léon Lecomte et Cie, ne servira de même qu'à compléter la collection de ces fausses écorces utiles à connaître, pour qu'à l'avenir on ne puisse plus les confondre avec les vrais quinquinas.

Aujourd'hui, on connaît le quinquina tout le long de la chaîne des Andes, sur une étendue de plus de sept cents lieues, depuis la Paz et Chuquisaca (Bolivie), jusqu'aux montagnes de Sainte-Marthe et Mérida (Nouvelle-Grenade). Pour le classement des dessins de nos écorces, nous avons suivi la *Carte* si nettement tracée par M. Weddell à la fin de son *Histoire naturelle des quinquinas*, qu'il nous a autorisé à joindre à nos dessins, et nous y ajouterons en outre la *Géographie des plantes équinoxiales* de MM. de Humboldt et Bonpland.

Ruiz se plaignait amèrement, en 1792, du peu de soins que les *cascarilleros* apportaient à l'exploitation de l'arbre; M. de Jussieu, dans son savant rapport sur l'*Histoire des quinquinas* de M. Weddell, appuie aussi les observations contenues dans ce bel ouvrage à l'occasion de la perte de la plus grande partie des écorces. Maintenant, que toutes les républiques de l'Amérique du sud n'ont plus qu'à faire un sage emploi de l'indépendance qu'elles ont si chèrement acquise, nous ne doutons pas que les gouvernements de Bolivie, du Pérou, de l'Équateur et de la Nouvelle-Grenade ne portent toute leur attention sur la conservation de la plus utile richesse de ces beaux pays, en régularisant les coupes des forêts par des lois répressives.

Ruiz a dit encore avec raison que la *coca*, cet arbuste si précieux qui formait autrefois des forêts impénétrables, a fini par être cultivée avec grand soin, et que la culture en a augmenté le produit et la qualité (1). Pourquoi ne prendrait-on pas les mêmes soins de l'arbre de quinquina, pour le conserver aux générations futures, au lieu de l'abandonner à l'insouciance des Indiens, qui le détruisent d'année en année par la manière dont ils l'exploitent?

On a aussi pensé souvent à acclimater le cinchona dans d'autres pays; malheureusement, cela ne nous paraît pas possible, car la nature du sol des forêts qui se trouvent le long de la chaîne des Andes ne peut se rencontrer ailleurs, tandis qu'il serait facile de conduire l'exploitation de manière à ne pas en perdre une si grande quantité, et à en faciliter la reproduction.

(1) Voir les détails historiques sur la *coca* dans le XXIXe chapitre du *Voyage dans le nord de la Bolivie*, par M. Weddell, 1853.

DEUXIÈME PARTIE.

ÉPISODE DU VOYAGE DE M. A. DELONDRE DANS LES MERS DU SUD.

Avant de nous occuper de la description des diverses écorces de quinquina que nous avons pu réunir, qu'il soit permis à M. A. Delondre de jeter un coup d'œil rétrospectif sur les causes qui ont déterminé son voyage dans les mers du sud, puisque ce voyage se rattache aussi à l'histoire des quinquinas.

« D'après les tristes résultats que j'avais obtenus de mon expédition de 1828 dans les forêts de la Bolivie, je restais toujours convaincu que j'en aurais tiré meilleur parti si j'avais pu la conduire en personne, et pendant près de vingt ans je n'ai cessé de sourire à ce projet.

» Après que le gouvernement de Bolivie eut affermé l'exploitation des forêts de la république (1), je compris que notre industrie allait subir le joug du monopole de la Bolivie, et je résolus de nous en affranchir, soit en nous intéressant directement aux chances de la Compagnie, soit en cherchant dans les forêts du nouveau monde d'autres quinquinas qui nous missent en mesure de lutter contre toutes les concurrences rivales, et de conserver à l'exploitation de la découverte de mon ancien ami et associé Pelletier, et de M. Caventou, toute la supériorité qui semblait devoir nous échapper. Mon second associé, M. Levaillant, qui avait été mon élève et m'avait bien dépassé sous tous les rapports, avait seul le secret de mon plan. Je fis disposer en conséquence un matériel immense, afin d'être en mesure de retirer en Amérique les extraits des écorces des quinquinas dont le produit, trop faible en alcaloïdes, ne permettait pas l'expédition en nature, et ne pouvait, par conséquent, suppléer aux quinquinas de première qualité, et je m'embarquai à Bordeaux le 3 octobre 1846.

» A peine entrés dans le golfe, nous fûmes assaillis par un coup de vent qui nous

(1) Dans le XIIIe chapitre du *Voyage dans le nord de la Bolivie*, M. Weddell a donné des détails bien exacts et d'un grand intérêt sur l'histoire du commerce du quinquina en Bolivie, et sur les diverses compagnies qui se sont formées pour son exploitation.

força à relâcher près de la Rochelle, où nous attendîmes vingt jours les vents favorables pour reprendre la mer.

» La traversée n'eut rien de remarquable que les événements ordinaires de navigation, qui ont été si souvent décrits par des plumes plus habiles et plus exercées que la mienne.

» Nous relâchâmes à Rio-Janeiro, où un peu de repos me fit oublier les fatigues passées, et me permit de reprendre les forces nécessaires pour supporter les secousses du cap Horn, et atteindre Valparaiso le 5 février 1847.

» A mon arrivée à Valparaiso, je rencontrai M. Pinto, chef de la compagnie bolivienne, et j'échouai dans toutes les propositions que je lui fis pour assurer nos approvisionnements réguliers. Je l'engageai en vain à attendre les nouveaux pouvoirs que je devais recevoir de France; M. Pinto préféra les offres qui lui furent faites par une maison des États-Unis, et c'est à New-York que furent dirigés tous les quinquinas du monopole pendant plusieurs années.

» A la suite de ce contre-temps, je reçus la triste nouvelle de la mort de M. Levaillant; ce malheur si imprévu me mit dans un embarras extrême, car, pour conduire à bonne fin mon entreprise, son appui et ses conseils m'étaient indispensables.

» Il me fallut néanmoins surmonter mon chagrin et mon inquiétude, et m'occuper de ma fabrique que je parvins à organiser avec des peines infinies. Ensuite je me décidai à réaliser mes premiers projets d'excursion dans les forêts du Pérou.

» A cette époque, fin d'avril 1847, M. Vinuezá de Cuzco vint me trouver et me présenta, tant en son nom qu'en celui de Santo-Domingo, son associé, des échantillons d'un assez bon quinquina, à la recherche duquel j'allais partir, et il prit l'engagement de me livrer à Valparaiso cent surons par mois, à partir de la fin de mai suivant. Cet approvisionnement et ceux que je venais de recevoir de Lima semblaient assurer mes opérations régulières, tant pour ma fabrique à Valparaiso que pour les expéditions en nature que je devais faire en France.

» Mais après avoir attendu avec patience jusqu'à la fin de juin, sans avoir reçu de nouvelles de Vinueza et de Santo-Domingo, je me décidai à ne pas perdre plus de temps et à aller juger par moi-même de l'état de l'exploitation dans les forêts.

» Je m'embarquai le 1er juillet, et je gagnai le petit port d'Islay le 6. A peine débarqué, je louai des mules et un guide pour traverser le désert, et j'arrivai le lendemain soir à Aréquipa.

» Pour faire connaître les premières difficultés de cette excursion, il me suffira de transcrire un passage du récit de l'expédition de M. de Castelnau, qui avait traversé le même désert quelques mois auparavant :

« Il est difficile de donner au lecteur une idée de l'extrême aridité de la côte du » Pérou; elle ne peut être comparée qu'aux grands déserts d'Afrique : on n'y ren- » contre aucune trace de végétation, et le regard n'est arrêté que par des monticules

» de sables nouveaux, auxquels on a donné le nom de *medanos*. Ces buttes sont » dues à l'action des vents constants du sud qui règnent dans cette région, et c'est » à cette origine qu'il faut attribuer la forme de croissants qu'elles affectent presque » toutes. Ce n'est qu'avec des guides expérimentés que l'on peut s'engager dans » ces déserts; car lorsque des tempêtes agitent ces masses arénacées, il se forme des » trombes de sable de 30 à 40 mètres de haut, qui engloutiraient le voyageur peu au » fait de leur marche habituelle. Les *medanos*, dont nous venons de parler, atteignent » habituellement une élévation de 6 à 8 mètres; on assure que, lorsqu'ils sont pous- » sés par un vent violent, ils parcourent la plaine avec une grande rapidité. Rien, » du reste, de plus incertain que la formation de ces collines de sable. La région » qui en était entièrement couverte la veille peut fort bien, le lendemain, ne présenter » qu'une plaine parfaitement unie. Le manque d'eau forme la principale difficulté » que rencontre le voyageur.

» Pendant la guerre de l'indépendance, des régiments entiers se sont égarés et ont » trouvé une mort affreuse au milieu de ces dunes de sable.....

» La route de poste que nous parcourions était indiquée par une bordure de » pierres, dont on l'avait garnie de chaque côté. Après une course d'une quinzaine » de lieues, rendue très fatigante par l'ardeur du soleil, nous atteignîmes un *tambo*, » ou sorte de petite auberge, construite en planches au milieu du désert. Un vieux » soldat français était à la tête de cet établissement, qui avait été construit dans le » but d'offrir un abri aux voyageurs, obligés, peu de mois auparavant, de faire une » trentaine de lieues dans la journée. Mais le principal bénéfice de notre entrepre- » nant compatriote consistait dans la vente de l'eau qu'il envoyait chercher à quatre » ou cinq lieues de distance, et qu'il revendait à 30 centimes le verre. En songeant » au plaisir que nous éprouvâmes à nous désaltérer dans cet endroit, je ne puis » regretter les 20 francs que nous dépensâmes pour l'eau qui fut nécessaire pour » nous et pour nos animaux..... »

» Je reçus la plus cordiale hospitalité et les soins les plus empressés de M. Braillard, associé et directeur de la maison Viollier et Cie. Grâce à ses bons conseils, je disposai mon voyage dans les forêts de la province de Cuzco, afin de voir si je pouvais compter sur le quinquina de Santo-Domingo, ou si je devais me livrer moi-même à cette exploitation.

» Après deux jours d'un repos indispensable, je quittai Aréquipa et le volcan au pied duquel cette ville est bâtie, pour entrer dans la cordillère et arriver le onzième jour au Cuzco, après des fatigues inouïes et des privations de toute espèce (1).

» Aussitôt dans l'ancienne capitale des Incas, je courus chez Santo-Domingo, et

(1) Au retour, et après notre séparation, M. Weddell a gravi le volcan d'Aréquipa en octobre 1847. La relation curieuse de cette excursion est insérée dans le 3e volume de l'expédition de M. de Castelnau.

j'appris par son commis, que depuis trente jours Vinueza était parti pour la forêt avec bon nombre d'ouvriers[1], mais qu'on n'en avait pas reçu de nouvelles, et qu'il était à craindre qu'il n'eût été massacré avec tout son monde par les Indiens qui habitaient le voisinage de ces forêts. D'autre part, que Santo-Domingo était à une de ces mines d'argent qui lui donnait beaucoup de soucis, et que son retour devait avoir lieu dans quelques jours. La première nouvelle me fut confirmée par un Français, nommé Romanville, dont le souvenir me sera toujours cher, et qui m'apprit en même temps que, si Vinueza était perdu, il ne fallait pas compter sur Santo-Domingo pour mes approvisionnements en quinquina, parce que l'exploitation de sa mine d'argent et d'autres fâcheuses entreprises l'avaient ruiné.

» Le bon Romanville m'offrait en même temps l'hospitalité et son concours pour réaliser mes projets d'exploitation dans les forêts. Ma décision fut bientôt prise; je priai le commis de Santo-Domingo de me procurer des mules et un guide pour aller trouver ce dernier à la mine et savoir au juste ce que je devais attendre, avant de prendre des arrangements avec Romanville. Le commis préféra partir lui-même, en m'avouant que les affaires de son patron étaient très embrouillées, et que ma visite inattendue augmenterait son chagrin. Deux jours après, il me rapporta la nouvelle du suicide de Santo-Domingo qui, depuis près d'un mois, écrivait chaque soir avant de se coucher ses sinistres réflexions de la journée, les causes de sa funeste résolution, et avait assigné à l'avance le jour où il la mettrait à exécution.

» Dans la communication qui m'a été faite du journal de Santo-Domingo, je croyais lire ces attachantes pages de l'*Antiquaire* de Walter Scott; seulement ici il n'y avait rien de romanesque, c'était une affreuse réalité.

» Un chevalier d'industrie, compatriote de Santo-Domingo, connaissant l'esprit aventureux de celui-ci, et les ressources dont il pouvait disposer par ses amis, vint le trouver pour l'entraîner dans l'acquisition d'une mine d'argent, abandonnée, disait-il, depuis longtemps, mais d'une richesse incroyable, qui lui avait coûté une somme importante, mais qu'il ne pouvait exploiter, faute de moyens suffisants. Santo-Domingo s'empressa d'aller à cette mine, où il trouva un contre-maître habile, qui fit des expériences et donna pour résultat un magnifique lingot d'argent. Santo-Domingo emprunta à ses amis, fit toutes les avances demandées, se procura une grande quantité de vif-argent, enfin ne négligea aucune dépense pour préparer l'exploitation, et s'installa même à la mine pour surveiller les travaux.

» Mais au bout de quelques jours, il put se convaincre qu'il était dupe d'aventuriers, et que le contre-maître, chargé de la fusion du minerai, n'était que le complice de l'autre coquin.

» Ce fut alors que Santo-Domingo consigna dans son journal la résolution qu'il avait prise de tuer les deux fripons dont il avait été la victime, et de se tuer ensuite, si dans un délai de trente jours les résultats de l'exploitation ne couvraient pas les frais courants. Ses pistolets étaient auprès de lui jour et nuit, et il ne se couchait qu'après avoir écrit ses réflexions et bu une bouteille d'eau-de-vie, sans doute pour s'étourdir et oublier un instant ses chagrins.

» Le nouveau *Dousterwivel* se méfia de la taciturnité de Santo-Domingo et des précautions sinistres qu'il lui voyait prendre, et après vingt jours il disparut, sans qu'on ait jamais depuis retrouvé ses traces, en emportant tout l'argent qu'il avait arraché à Santo-Domingo. Mais le complice, qui était forcé de diriger les ouvriers dans l'exploitation du minerai, fut moins avisé, ou peut-être mieux surveillé par sa pauvre dupe, qui, deux jours après, fit seller ses mules, s'habilla comme pour se mettre en route, fit appeler le contre-maître et lui demanda le compte de ses opérations; celui-ci prit les livres avec hésitation, s'assit en faisant semblant de les feuilleter. Santo-Domingo se tenait debout derrière lui, et armant son pistolet, dirigeait le canon au-dessus de la tête du contre-maître pour lui brûler la cervelle, lorsque ce dernier se retourna subitement, la direction du canon fut changée, et la balle n'effleura que son épaule. Doué d'une grande force, il se leva, se saisit de Santo-Domingo, et le poussa dans une pièce voisine dont il ferma la porte en appelant du secours; les ouvriers n'arrivèrent que pour entendre une seconde détonation : c'était le malheureux Santo-Domingo qui venait de mettre fin à ses angoisses.

» La fatigue du voyage, toutes ces tristes nouvelles, m'accablèrent, comme on le pense bien, et il m'avait été impossible de prendre le repos dont j'avais tant besoin. Romanville m'amena chez lui, et le lendemain un érysipèle me couvrit toute la figure et me donnait le délire. La médication énergique du docteur Nateri, les soins empressés de Romanville et de son excellente et gracieuse femme, me rétablirent complétement en six jours, et le huitième je pouvais monter à mule, pour réaliser enfin dans les montagnes de Santa-Ana l'excursion dont j'avais arrêté les préparatifs pendant que j'étais au lit.

» Ce fut au milieu d'une de nos conférences que je vis arriver dans ma chambre M. le docteur Weddell, qui avait fait partie de l'expédition de M. de Castelnau, et s'était séparé de lui près des frontières du Paraguay, pour se livrer seul en Bolivie à la recherche des quinquinas. Ma surprise fut grande, et la sienne ne fut pas moindre, quand nous apprîmes réciproquement que le but de notre voyage était le même.

» Je me tins sur la réserve pendant les deux premiers jours; mais il prit patience, avec l'espoir, comme il me l'écrivait plus tard, que je lui pardonnerais de s'être rencontré avec moi dans le même projet, ne fût-ce qu'à cause de ce que cette rencontre présentait d'extraordinaire, pour ne pas dire d'unique.

» Nous convînmes donc de faire le voyage avec MM. Garmendia et Galdos, qui s'étaient chargés de l'exploitation des forêts pour mon compte, et dont les expéditions devaient se faire par Romanville, qui voulait aussi partager nos fatigues.

» Nous nous mîmes en route le 7 août, et après deux jours nous quittâmes les vallées pour passer à travers les neiges de la Cordillère, que l'on m'a dit être à une élévation de plus de 5000 mètres au-dessus du niveau de la mer. Nous avons eu un temps affreux, et une route plus affreuse encore, avant de gagner la douce température qui nous permit de nous sécher et de nous réchauffer dans une belle forêt tropicale. Dès ce moment jusqu'au 12, ce ne fut plus qu'une charmante promenade pour arriver à Etcharate, propriété d'un des amis de Romanville. Le lendemain, nous partîmes pour la forêt près de Cocabambilla, et là nous prîmes pour guide un Indien qui nous frayait un chemin en abattant les branches d'arbres et les lianes qui gênaient notre passage.

» Après une course des plus fatigantes, à travers mille obstacles et exposés à une pluie fine qui eut bientôt traversé nos vêtements, nous entendîmes le retentissement des coups de hache de l'Indien qui était arrivé au haut de la montagne bien avant nous, car nous étions exténués.

» Mais les coups de hache, qui étaient le signal de notre conquête, nous rendirent les forces comme par enchantement, et nous fûmes bientôt auprès de ce magnifique et grand arbre que je voyais pour la première fois, et qui était depuis longtemps le sujet de mes rêves. Je restai en extase devant ses belles écorces argentées, ses larges feuilles d'un vert chatoyant, et ses fleurs d'un parfum si doux, qui rappellent un peu celles du lilas.

» L'arbre n'est pas tombé tout de suite, il est resté comme suspendu au milieu des lianes et des arbres de toute espèce dont il était entouré, et qu'il a fallu abattre à une certaine distance pour que notre conquête si désirée pût s'étendre sur la terre et nous permettre de l'admirer à notre aise, de couper des écorces du tronc et des branches, et de mâcher les feuilles, les fleurs et les fruits, pour y chercher à des degrés différents l'amertume des écorces.

» En descendant de la montagne, je ne pus m'empêcher de déplorer l'indifférence avec laquelle l'Indien portait ses coups de hache à une certaine élévation du sol, pour n'avoir pas la peine de se courber. Il en est de même dans toutes les forêts de l'Amérique du Sud; ils abandonnent aussi le tronc à la naissance des branches, et l'on peut calculer que, généralement, on ne récolte pas la moitié des écorces que chaque arbre pourrait produire.

» Romanville n'avait pu nous suivre, à son grand regret, car déjà il ressentait les premières atteintes de cette funeste maladie qui devait l'enlever quinze jours plus tard.

» Après quelques jours de nouvelles courses dans les forêts voisines, et après avoir arrêté mes conditions et le choix des quinquinas à exploiter, nous nous occupâmes de notre retour, et notre gaieté ne se serait pas démentie un seul instant, malgré les légers accidents d'une si longue route, presque toujours sur les bords des précipices, si nous n'eussions pas remarqué l'altération croissante des traits de

Romanville, si bon, si affectueux, et qui surmontait ses souffrances pour se mettre à l'unisson avec nous.

» Le 23, aussitôt notre retour au Cuzco, nous pensâmes, M. Weddell et moi, à reprendre la route d'Aréquipa, et nous montâmes sur nos mules le 29, accompagnés d'une nombreuse escorte de *caballeros*, qui nous conduisirent à trois lieues. Peu d'instants après, nous nous arrêtâmes dans la charmante habitation de M. Nadal, l'un des hommes les plus recommandables de Cuzco, qui nous avait fait préparer un excellent déjeuner.

» Nous étions le 7 septembre à Aréquipa, où je donnai à M. Braillard les détails nécessaires à mes opérations futures, non sans le remercier des rapports affectueux qu'il avait établis entre nous, et que je ne saurais oublier, et je retournai à Islay, pour m'embarquer et revenir à Valparaiso.

» Le mois suivant, je recevais la nouvelle de la mort de Romanville : encore un chagrin à ajouter à tant d'autres.

» J'avais aussi de Paris des avis qui me faisaient pressentir de graves difficultés à l'occasion de mes envois de quinquina. Je m'empressai de retirer les extraits des écorces les plus inférieures, et après avoir réuni les quinquinas de meilleure qualité, je m'embarquai de nouveau au milieu de mars 1848, avec mes approvisionnements, qui représentaient une valeur considérable, pour arriver, après une pénible traversée, devant le Havre, le 23 juin, où m'attendaient de si tristes nouvelles.

» Aujourd'hui, près de ma soixante-quatrième année, me voilà de nouveau sur la brèche pour défendre l'industrie, à laquelle j'ai consacré toutes mes facultés et toutes mes ressources, et tâcher de rendre utile ma vieille expérience. Heureux si je puis y parvenir! »

TROISIÈME PARTIE.

DESCRIPTION DES QUINQUINAS EN SUIVANT LA CHAINE DES ANDES, DEPUIS LA BOLIVIE JUSQU'A LA NOUVELLE-GRENADE.

Quinquina calisaya plat, sans épiderme (1) (Bolivie). — Planche I.

Ce quinquina se trouve dans les forêts de la république de Bolivie, d'où il vient en surons du poids de 70 à 75 kilogrammes, le plus souvent par le port d'Arica, quelquefois par celui de Cobija.

C'est une erreur de dire que, dans ces ports, on mélange les quinquinas, ils arrivent comme ils ont été récoltés dans les forêts, où on les exploite avec plus ou moins de discernement. Après la dessiccation, on les emballe dans des cuirs frais qui, en séchant, se resserrent de manière à ne plus être ouverts sans que l'œil le moins clairvoyant s'en aperçoive. D'ailleurs, il n'y a pas de négociant chargé de recevoir ou d'expédier les quinquinas qui voulût s'occuper d'une semblable fraude.

L'écorce du quinquina calisaya est d'un jaune fauve à la surface interne, la texture est parfaitement uniforme et serrée; la surface externe est plus brune, irrégulière, marquée de sillons longitudinaux et de crêtes saillantes. Ce quinquina développe, en le mâchant, une amertume franche peu styptique et sans astriction. La fracture transversale est purement fibreuse, à fibres courtes, et se détachant au moindre effort.

Les écorces sont de 3 à 9 millimètres d'épaisseur; on en retire assez régulièrement, dans l'ensemble des surons, 30 à 32 grammes de sulfate de quinine, et 6 à 8 grammes de sulfate de cinchonine par kilogramme.

1 gramme de ce sulfate de quinine, précipité par 5 grammes de tannin, donne 3 grammes 47 centigrammes de bitannate de quinine sec et friable, ainsi que l'a déjà

(1) Επι, sur, δερμα, peau. M. Weddell préfère *périderme* (περι, autour) pour désigner, dit-il, cette partie de l'écorce qui, ayant perdu sa vitalité, persiste à la surface des couches intérieures, et leur sert d'enveloppe protectrice, et ces couches, derme. Le derme est l'écorce moins son périderme.

indiqué M. Ossian Henry, en 1825, tome XXI du *Journal de pharmacie*, dans son mémoire *De l'action du tannin sur les bases salifiables organiques, et applications qui en dérivent.* Par l'infusion de noix de galle, le précipité sec résiniforme est *double.*

Ces résultats répondent suffisamment, il nous semble, à la proposition faite d'employer le tannate de préférence au sulfate de quinine, en basant surtout sa *supériorité* sur son peu d'*amertume*, puisque, à part bien d'autres inconvénients, cette préparation, à l'*état sec*, ne contient pas 1 gramme sur 3 par le tannin, et 1 gramme sur 7 par l'infusion de noix de galle. Que sera-ce donc si on l'administre à l'état de poudre blanche, quand il n'est séché qu'à l'air libre?

L'entreprise que l'un de nous (A. D.) tenta en 1828 pour l'exploitation des quinquinas dans les forêts de Bolivie fut loin de répondre à son attente. Il en retira cependant les premiers et seuls échantillons qui aient paru jusque-là, des écorces, feuilles, fleurs et fruits du quinquina calisaya, et des sucs obtenus par incision, et des écorces des racines du même arbre. Ces échantillons ont servi et servent encore de types du vrai calisaya, le plus riche en alcaloïdes.

En 1835, après s'être assuré pendant longtemps, dans sa fabrication, de la valeur des quinquinas de la même provenance, il offrait ces échantillons à la Société de pharmacie, pour les cours de l'École, et il en fit le sujet d'une note publiée dans le tome XXI du *Journal de pharmacie*, page 505 et suivantes, en y ajoutant les analyses qu'il avait faites avec M. Ossian Henry, d'où il résulte :

1° Que les feuilles et les fruits du quinquina ne contiennent pas les alcaloïdes trouvés dans les écorces du tronc et des branches;

2° Que les écorces des racines les contiennent dans une moindre proportion;

3° Enfin, que les sucs obtenus par incision sont formés des mêmes principes que les extraits des écorces par l'eau.

M. Weddell apprécie de la manière suivante la valeur de ces échantillons, page 36 de son *Histoire des quinquinas.* « Dans ces derniers temps, M. A. Delondre reçut de la Bolivie les échantillons des écorces, des feuilles, des fleurs et des fruits de divers arbres, *qu'il avait raison* de croire être ceux qui fournissent l'écorce en question. »

A cette époque, la connaissance des quinquinas était si peu répandue, que Berzelius, malgré son immense savoir, avait été trompé par des renseignements inexacts. Dans son *Traité de chimie*, édition de 1831, tome V, page 126, il assimile le quinquina de Cuzco au quinquina calisaya; dans le tome VI, page 221, il donne à l'écorce du *Portlandia hexandra*, le nom de *quina Carthagène*, en disant qu'on avait essayé contre les fièvres intermittentes les sels provenant de ces écorces, mais que ces essais n'avaient donné aucun résultat favorable.

M. Weddell place l'*hexandra* au nombre des *pseudo-quinas*, comme venant du Brésil, des montagnes de Parahybuna, province de Rio-Janeiro.

A l'occasion de la distinction à établir entre la description scientifique et la connaissance matérielle des écorces, il est utile de citer une opération gigantesque qui n'a eu et n'aura jamais sans doute sa pareille.

En 1837, les propriétaires de quinquina, de la Bolivie, du Pérou et du Chili, réunirent toutes leurs provisions à celles de don Francisco de los Héros, le plus éminent d'entre eux, sous le rapport de la fortune, des connaissances spéciales, et surtout du caractère loyal, et le laissèrent libre de faire un contrat avec la Société Pelletier, Delondre et Levaillant, pour la livraison de *douze mille surons* de quinquina.

Cet achat fut conclu avec la condition d'un rendement de 31 grammes 25 centigrammes sulfate de quinine par kilogramme de quinquina. MM. Pelletier et Levaillant, que M. Delondre a successivement perdus, et dont il a eu tant de fois l'occasion de regretter la mort, lui confièrent le soin de constater la qualité de cette énorme provision, répartie chez MM. Ant. Gibbs et Cie, à Londres; de Santa-Coloma et Cie, à Bordeaux, et Ch. Latham et Cie, au Havre.

Il est à remarquer qu'il n'y eut pas la moindre difficulté à l'occasion des légères différences qui se rencontrèrent, et qui portaient principalement sur les quinquinas roulés avec épiderme, et pour lesquelles des réfactions proportionnelles furent accordées par M. de los Héros.

Assurément, d'après les ouvrages qui ont traité du quinquina, on aurait pu signaler sur une si grande quantité des variétés à l'infini, *Boliviana*, *Amarilla*, *Anaranjada*, *Josephiana*, *Condaminea*, etc., etc., et se méprendre aux écorces roulées, qu'on appelait encore *quinquina gris*, et qui provenaient des branches des arbres dont le tronc avait fourni les écorces plates. Mais, en se guidant simplement sur les échantillons déposés à l'école de pharmacie, comme spécimens des écorces les plus riches en alcaloïdes, on s'est borné à reconnaître si l'ensemble des surons produirait la quantité de sulfate de quinine *pur* stipulée dans le marché, et c'est ce qui a été réalisé ensuite dans nos fabriques, et même avec un léger excédant.

Quinquina calisaya roulé, avec épiderme (Bolivie). — Planche I.

Épiderme assez épais, rugueux, inégal, marqué de distance en distance de scissures annulaires, et dans l'espace intermédiaire, de crevasses transversales et longitudinales plus ou moins rapprochées, souvent anastomosées, d'un blanc argenté, mat ou grisâtre. Face interne purement fibreuse, d'un jaune fauve variable; texture unie; fracture transversale assez nette; la couche extérieure plus brune, largement résineuse, à fibres peu saillantes en dedans. Saveur franchement amère, plus styptique que celle du calysaya plat. Ces écorces proviennent, comme nous venons de le dire, des branches de l'arbre dont le tronc fournit les écorces plates. On en retire moins d'alcaloïde que du précédent; et, suivant la grosseur de l'ensemble des écorces, le rendement varie de 15 à 20 grammes sulfate de quinine, et de 8 à 10 grammes sulfate de cinchonine par kilogramme.

Quinquina carabaya plat, sans épiderme, et roulé, avec épiderme (Pérou). — Planche II.

Cette écorce arrive de la province de Carabaya, par Aréquipa, aux ports d'Islay et quelquefois d'Arica. L'épaisseur est de 2 à 3 millimètres dans l'ensemble des surons, qui sont, comme ceux de Bolivie, de 72 à 75 kilogrammes. La surface interne est d'une texture assez unie, couleur jaune brun, et souvent contournée et fendillée par la dessiccation, à cause de son peu d'épaisseur; la surface externe, au lieu de sillons longitudinaux, est souvent recouverte de petites proéminences qui sont formées par l'adhérence de l'épiderme qui a été enlevé, et quelquefois crevassée en travers. Fracture transversale nette, à fibres fines en dedans, avec une couche résineuse au dehors. Saveur amère lente à se développer, sans astriction. Il en vient quelquefois en écorces très minces et qui produisent à peine 12 grammes sulfate de quinine; mais en prenant pour base l'épaisseur que nous venons d'indiquer, on en retire 15 à 18 grammes sulfate de quinine, et 4 à 5 grammes sulfate de cinchonine.

Quinquina rouge de Cuzco (Pérou). — Planche III.

Ce quinquina s'exploite dans les forêts de Santa-Anna, province de Cuzco, et arrive par Aréquipa aux ports d'Islay et quelquefois d'Arica, en surons de 72 à 75 kilogrammes.

On lit dans l'*Histoire naturelle des quinquinas* de M. Weddell, p. 43.

« J'ai visité les forêts où croît le *Cinchona scrobiculata* (1), en compagnie de » M. A. Delondre, et c'est en souvenir des services qu'il a maintes fois rendus à la » science quinologique, que je voulais lui dédier une des espèces que nous avions » examinées ensemble; mais j'ai découvert que mon *C. Delondriana* ne pouvait être » séparé spécifiquement du *C. scrobiculata*, auquel je l'ai rattaché en conséquence » comme simple variété (*B. Delondriana*). »

C'est l'une des écorces que M. Weddell s'est plu à décrire avec le plus de soin et d'exactitude, et où il excelle comme chaque fois qu'il rend compte de ce qu'il a vu et observé: il nous semble difficile, non pas de faire mieux, mais de faire aussi bien que lui dans la partie botanique; nous n'avons donc qu'à le copier presque textuellement :

« Écorce plate, de l'épaisseur de 5 à 10 millimètres. Surface intérieure d'un rouge

(1) MM. de Humboldt et Bonpland ont rencontré le *quinquina scrobiculé* dans la province de Jaën, où, disent-ils, il forme d'immenses forêts; d'après eux, ses caractères spécifiques coïncident avec ceux du *C. Condamineo*. On peut donc le considérer comme une de ses variétés.

» obscur, lisse avec quelques impressions transversales linéaires, plus ou moins » irrégulières, et offrant enfin par points, mais plus rarement, une exfoliation de la » tunique cellulaire, aussi nette que dans le quinquina calisaya, avec les sillons di- » gitaux confluents à fond fibreux, et les crêtes qui les séparent; surface intérieure » unie, à grain fin et droit, d'une belle couleur rouge orange plus ou moins claire. » Fracture transversale plus ou moins subéreuse ou fongueuse en dehors, selon l'é- » paisseur de la couche cellulaire, et participant, en cette partie, de la couleur de la » face interne de l'écorce, très fibreuse en dedans, à fibres longues et pliantes, assez » fréquemment filandreuse, et d'une couleur plus claire que la couche cellulaire; » fracture longitudinale manquant, comme la fracture transversale, d'uniformité » dans la couleur générale, présentant à sa surface de nombreuses esquilles à points » chatoyants moins marqués que dans le quinquina calisaya, et à rayons médullai- » res plus nombreux et plus visibles. Saveur amère assez forte, et se développant » promptement à la mastication; stypticité très notable, mais moins développée que » dans l'écorce roulée. »

Nous ne parlons que pour mémoire de cette écorce roulée, car elle n'existe pas dans le commerce et ne vaudrait les frais de transport que dans le cas de disette des écorces plus riches. Ce que M. D... a fait exploiter dans les forêts comme échantillon produit 6 à 8 grammes sulfate de cinchonine, tandis que l'écorce plate provenant du tronc, dont nous venons de parler, rend régulièrement 4 grammes sulfate de quinine et 12 grammes sulfate de cinchonine par kilogramme. Cependant il nous a paru indispensable de représenter cette écorce dans les planches, autant par prévision d'avenir qu'à cause de sa ressemblance avec le calisaya roulé.

Quinquina huanuco plat, sans épiderme (Pérou). — Planche IV.

Ce quinquina se récolte dans les forêts de Huanuco, au nord de Lima, et arrive au port de Callao en surons de 70 à 75 kilogrammes. Aucune espèce ne ressemble davantage, à première vue, au quinquina de Bolivie, et pendant longtemps ceux qui l'ont exploité ont prétendu le vendre comme vrai calisaya. C'est, sans doute, cette espèce que Ruiz et Pavon ont classée sous le nom de *C. nitida*, et à laquelle ils attribuaient une grande supériorité. La surface est d'un jaune fauve, uniforme, à sillons longitudinaux moins prononcés que sur les écorces de calisaya. La texture de la surface interne n'est pas aussi serrée que celle de ce dernier. La fracture transversale est d'un jaune plus rouge; les fibres sont courtes, mais ne se détachent pas facilement. En le mâchant, l'amertume se développe promptement; la saveur est légèrement piquante, sans astriction; l'épaisseur des écorces est de 6 à 10 millimètres. Ce quinquina, malgré sa belle apparence, ne produit que 6 grammes de sulfate de quinine, et 12 grammes de sulfate de cinchonine par kilogramme.

Quinquina jaune pâle huanuco (Pérou). — Planche IV.

Notre collaborateur D... a reçu quelques surons de ce quinquina pendant son séjour à Valparaiso, et il en a retiré 6 grammes sulfate de quinine et 10 grammes sulfate de cinchonine par kilogramme; il en a conservé, ainsi que pour les précédents échantillons, l'étiquette qui y avait été attachée dans les forêts au moment de l'exploitation. L'épaisseur de cette écorce est de 4 à 10 millimètres. La surface externe est d'un jaune pâle avec quelques crêtes saillantes et quelques sillons longitudinaux peu marqués; la surface interne est d'un jaune plus pâle encore. La texture est unie et serrée; la cassure est à fibres courtes. L'amertume est prompte à se développer, un peu styptique, avec un goût légèrement aromatique.

Nous avons, en outre, ajouté à la collection de la Faculté de médecine de Paris quelques autres échantillons des mêmes forêts, qui diffèrent peu quant aux produits et à la nature des écorces.

Quinquina huanuco roulé, avec épiderme (Pérou). — Planche V.

Ce quinquina provient des branches de l'arbre dont le tronc fournit les écorces plates que nous venons de décrire; il en est venu pendant quelque temps une grande quantité dans le commerce. On le connaissait sous le nom de *quinquina de Lima;* il a joui d'une préférence marquée. A l'échantillon destiné à la Faculté de médecine nous laissons l'étiquette mise par celui qui nous l'a envoyé des forêts de Huanuco : *Cascarilla encanutada con onbes, de las ramas, nombrado pata de gallinazo, que antiguamente fue muy apetecida* (1). Cette écorce diffère très peu en apparence des grosses écorces du calisaya roulé. Toutefois l'épiderme est moins épais, mais également rugueux et crevassé dans tous les sens, d'un blanc sombre; la face interne est unie à fibres fines, jaune tirant sur le rouge. La cassure est fibreuse à l'intérieur et résineuse à l'extérieur. Saveur amère, styptique, facile à se développer; astriction faible. Ce quinquina produit 2 grammes sulfate de quinine, et 8 à 10 grammes sulfate de cinchonine par kilogramme.

Quinquina Jaën (Pérou). — Planche VI.

Ce quinquina se trouve dans les forêts de Jaën, à peu de distance de Loxa. Les écorces roulées provenant des branches ont de 3 à 9 millimètres de diamètre. Ce quinquina est remarquable par le ton généralement blanchâtre de son épiderme:

(1) Quinquina roulé avec épiderme, provenant des branches, appelé *patte de vautour*, qui fut autrefois le plus recherché.

c'est cette apparence qui lui a fait donner les noms de *quinquina cendré, quinquina ten, pâle, quinquina couleur de frêne*. L'épiderme est fin, uni, lisse, adhérent au derme. La couleur intérieure de ces écorces est jaune orangé clair dans les petites ; elle devient jaune orangé rouge dans les écorces plus volumineuses. Les gros tuyaux sont quelquefois brisés ; les débris forment des fragments qui sont presque aplatis. La cassure est fibreuse, à fibres longues et flexibles, d'une texture peu serrée ; sa saveur est amère, prononcée surtout à la langue, sans astriction. Ce quinquina arrive en surons de 40 à 50 kilogrammes, sans mélange d'autres écorces.

En 1839, l'un de nous, M. Bouchardat, analysa le quinquina Jaën, et il en retira un alcali auquel il reconnut toutes les propriétés assignées à l'*aricine* par Pelletier et Corriol. (*Journal des connaissances médicales*, 1839, t. VII, p. 84.)

Postérieurement à cette publication, M. Manzini avait cru trouver dans cette écorce un nouvel alcaloïde, qu'il nommait *cinchovatine;* mais un chimiste allemand, sans connaître le travail antérieur de M. Bouchardat, constata que la cinchovatine de M. Manzini était identique avec l'aricine.

M. A. Delondre, de son côté, en soumettant le quinquina Jaën à un travail en grand en fabrique, en a extrait 4 grammes de sulfate de cinchonine et 10 grammes de sulfate de quinine, ne différant en rien de celui du quinquina calisaya, parfaitement soluble dans la proportion d'alcool et d'ammoniaque indiquée par MM. Bussy et Guibourt, et admise aujourd'hui pour constater la pureté du sulfate de quinine.

Ces résultats contradictoires réclament un examen attentif auquel nous espérons pouvoir nous livrer bientôt.

L'aricine subit-elle des modifications dans le travail de la fabrication en grand adopté par M. Delondre? Est-ce quelque autre circonstance inappréciée jusqu'ici qui nous a conduit à des résultats différents? Quoi qu'il en soit, on ne saurait trop insister sur cette importante considération (1).

Quinquina rouge vif (Équateur). — Planche VII.

On trouve ce quinquina dans les forêts de la province de Quito ; il arrive au port de Guayaquil en surons ou en caisses de 50 à 60 kilogrammes. Pendant longtemps, il a été préféré en médecine, et ce n'était pas sans motif, car il est un des plus riches en alcaloïdes. Les écorces plates sont épaisses de 5 à 12 millimètres ; l'épiderme est quelquefois très épais, fendillé en tous sens, tantôt d'un blanc argenté se détachant

(1) Nous avons dit combien nous regrettions que, pour les belles qualités des autres parties de l'Amérique, on se contentât d'écorcer le tronc et que l'on perdît les écorces des branches ; ici c'est tout le contraire, et nous nous demandons pourquoi, dans l'exploitation de cette espèce et de deux autres que nous allons décrire, on ne renonce pas à cette routine qui consiste à choisir les branches les plus fines pour négliger celles du tronc qui devraient être très riches, d'après la proportion d'alcaloïdes que nous trouvons dans ces petites écorces, et qui seraient d'un si grand produit pour les gouvernements du Pérou et de l'Équateur.

facilement, et tantôt d'une nature fongueuse. D'autres écorces ont un épiderme si adhérent, qu'il forme pour ainsi dire corps avec le derme; il est sans fissures, couvert de points rugueux proéminents, d'un rouge brun foncé. La surface interne est d'un rouge brun qui devient un peu rose à la cassure. La texture est unie, à fibres courtes et fines, se détachant facilement et pénétrant dans la peau, en y causant de la démangeaison comme celles du calisaya de Bolivie. Il existe au-dessous de l'épiderme un cercle résineux très épais. L'amertume se développe facilement, et est légèrement styptique. Ce quinquina contient de 20 à 25 grammes sulfate de quinine, et 10 à 12 grammes sulfate de cinchonine. On peut retirer du sulfate de quinine une notable portion de la cristallisation appelée *quinidine*.

Quinquina rouge pâle (Équateur). — Planche VIII.

Ce quinquina provient, ainsi que le précédent, de la province de Quito, et semble, comme dans le calisaya, être fourni par les branches de l'arbre dont le tronc donne les grosses écorces plates. Il est généralement en écorces roulées, ou demi-roulées, de l'épaisseur de 3 à 5 millimètres; l'épiderme qui le recouvre est comme celui des écorces plates, tantôt argenté avec fissures, et tantôt adhérent au derme avec les mêmes rugosités d'un brun foncé. La surface interne est lisse, d'un rouge pâle, à fibres unies, très courtes et très serrées. La cassure est nette et résineuse à l'extérieur. L'amertume est franche et pénétrante, mais plus styptique que celle des écorces plates. On en retire 15 à 18 grammes sulfate de quinine, qui contient aussi de la quinidine, et 5 à 6 grammes sulfate de cinchonine par kilogramme.

Quinquina gris fin de Loxa (Équateur). — Planche IX.

Il arrive en surons de 50 à 60 kilogrammes par le port de Guayaquil, et quelquefois par celui de Payta : on le trouve dans les forêts de la province de Loxa. Les écorces sont roulées d'un diamètre de 3 à 6 millimètres. L'épiderme est d'un gris sombre, ce qui a fait appeler ce quinquina par les Indiens, *cascarilla negrilla*. Il est presque toujours chargé de lichens très variés. L'épiderme est fendillé dans tous les sens par des fissures très rapprochées ; la cassure est légèrement résineuse à l'extérieur, et fibreuse à fibres fines à l'intérieur. La texture est unie et peu serrée, amère, astringente et aromatique. Nous en avons retiré 2 grammes sulfate de quinine et 10 grammes sulfate de cinchonine par kilogramme.

Quinquina gris fin Condaminea (Équateur). — Planche IX.

Ce que nous disions sur l'exploitation des écorces du quinquina de Jaën s'applique également à celui-ci, qui est en petites écorces roulées très fines, d'un diamètre de

3 millimètres, et souvent au-dessous, et qui était moins estimé quand il dépassait 6 millimètres. L'épiderme est d'un gris argenté, fendillé dans tous les sens avec fissures très rapprochées, assez régulières, rarement avec lichens, comme il s'en trouve sur le précédent. La cassure est nette et résineuse à l'extérieur, à fibres fines et serrées, se rapprochant beaucoup des petites écorces du quinquina calisaya roulé. L'amertume se développe facilement, est franche et peu styptique. Le produit est de 8 grammes sulfate de quinine et de 6 grammes sulfate de cinchonine. Nous ne pouvons douter, d'après ce résultat, de la richesse des écorces du tronc qui approcheraient certainement de celles du calisaya. Cette espèce a été connue dans le commerce, depuis la découverte, sous le nom de *quinquina gris fin de Lima*, parce que c'était par Lima qu'elle était expédiée à la cour d'Espagne, qui s'en était réservé l'exploitation et la faisait surveiller avec grand soin; c'est aussi pour cette raison qu'on la nommait *regia*. C'est le quinquina que Laubert nomme *Condaminea*, d'après MM. de Humboldt et Bonpland; pour rendre hommage à l'illustre savant qui l'avait découvert, il nous semble naturel de lui conserver ce nom. Laubert le regardait avec quelque raison comme préférable à tous ceux connus jusque-là, en raison des soins qu'on apportait à son choix, et de ses vertus fébrifuges constantes. On le trouve dans l'intérieur de la province de Loxa; il arrive par le port de Guayaquil, en surons et quelquefois en caisses de 40 à 50 kilogrammes. Dans le mémoire que M. Ossian Henry a lu, en son nom et en celui de M. Delondre, à l'Académie impériale de médecine, le 16 novembre 1852, ils ont insisté sur la nécessité de ne repousser aucune espèce de quinquina, à l'occasion de la défaveur que l'on voulait jeter sur ceux qui nous arrivent de la Nouvelle-Grenade, et sur les alcaloïdes qu'on en retire. On a cherché aussi à proscrire, il y a quelque temps, les quinquinas gris de la matière médicale, et il est utile de méditer à ce sujet les judicieuses observations de M. Soubeiran, page 302 du *Journal de pharmacie*, octobre 1852..... : « Ce n'est pas parce qu'il y a » de mauvais quinquinas gris dans le commerce, puisqu'on y trouve tout autant de » mauvais quinquinas jaunes, et que, pour les uns comme pour les autres, il s'agit de » bien choisir. Reste donc la richesse en alcaloïde, qui est toute à l'avantage du » quinquina jaune, si l'on veut employer les écorces comme fébrifuge, mais dont la » nécessité est loin d'être prouvée, quand le quinquina est donné à petites doses » comme tonique. Quand on ne se laisse pas dominer par une idée préconçue, qu'on » examine avec sang-froid, et surtout que l'on a manié comparativement l'une et l'autre écorce, on trouve que ce quinquina gris, tant honni, a bien quelques qualités » que l'on ne trouve pas au même degré dans son antagoniste, le quinquina jaune : » il est moins amer, mais il est aromatique; mais il a une saveur plutôt astringente » qu'amère; mais il rend à l'eau plus de parties solubles; et à ces divers titres, il peut » revendiquer sa part d'avantages. Je ne sache pas que, parce qu'il fait la base de » préparations officinales, les médecins aient pour cela cessé de prescrire ces prépa-

» rations et de s'en bien trouver, et l'on serait fort embarrassé, je crois, de citer des » expériences qui témoignent de son infériorité, quand il ne s'agit pas d'une action » antipériodique franche. Cessons donc de le proscrire; le quinquina jaune et le » quinquina gris sont des écorces bonnes toutes deux, bien qu'à des titres diffé- » rents. »

Quinquina jaune de Guayaquil (Équateur). — Planche X.

Les écorces de ce quinquina sont roulées sur elles-mêmes et très longues; leur couleur a quelque rapport avec celle de la cannelle de Chine. La surface externe est à sillons longitudinaux assez rapprochés et peu profonds, avec des traces d'un épiderme blanc très mince; la surface interne est plus brune, à texture unie et très serrée. La cassure est résineuse à l'extérieur, et à fibres courtes à l'intérieur. L'épaisseur est de 3 à 4 millimètres. L'amertume est piquante et sans astriction. On en retire 30 grammes sulfate de cinchonine par kilogramme, et 3 à 4 grammes sulfate de quinine. On sera sans doute trop heureux de le retrouver un jour à venir, lorsque les autres espèces seront épuisées, et que l'on sera revenu à l'emploi de la cinchonine; mais aujourd'hui on n'en fait aucun cas, et il n'en est arrivé à notre connaissance qu'une très petite quantité en Europe.

QUINQUINAS DE LA NOUVELLE-GRENADE.

Ainsi que nous l'avons expliqué en commençant notre ouvrage, nous devons la découverte de tous les quinquinas de cette partie de l'Amérique du Sud à *Mutis*, médecin espagnol. Maintenant qu'ils sont l'objet d'un commerce si important et que leur valeur est bien constatée, nous ne pensons pas qu'il soit utile de faire ressortir de nouveau le service immense que Mutis a rendu à la science et à la médecine, et combien est erroné tout ce qui a été dit contre ce célèbre naturaliste, et contre les quinquinas qu'il a découverts et dont il a constaté l'efficacité pendant tant d'années, aussi bien que contre les alcaloïdes qu'ils renferment. Cependant il est bon de rappeler aux négociants qui exploitent les forêts, qu'ils ne doivent prendre aucun souci de la préférence exclusive que l'on semblait vouloir accorder aux quinquinas de la Bolivie, et qu'ils trouveront un facile placement des expéditions qu'ils dirigeront sur nos ports. Il nous reste aussi un vœu à former : c'est que le gouvernement, dans sa sagesse, nous affranchisse des droits à payer, lorsque nous sommes obligés d'aller nous approvisionner en Angleterre, et qu'il y a disette chez nous, comme cela est arrivé dernièrement. Nous ne craindrons pas alors qu'une *concurrence loyale* s'établisse entre les produits étrangers et les nôtres, en les laissant entrer aux mêmes droits auxquels nous sommes imposés chez eux; bientôt on reconnaîtra que les prohibitions et les droits élevés ne sont qu'une prime d'encouragement à la fraude (1).

Quinquina calisaya de Santa-Fé de Bogata (Nouvelle-Grenade). — Planche XI.

C'est une récente conquête des forêts de la Nouvelle-Grenade et dont les premiers essais doivent encourager ceux qui l'exploitent. Ce quinquina est en écorces très menues; l'épaisseur dépasse rarement 4 millimètres, la longueur de 2 à 5 centimètres. La surface externe est presque lisse, avec peu d'apparence d'épiderme, couleur jaune uniforme, tirant un peu sur le rouge; la surface interne se rapproche de celle du calisaya de Bolivie. La texture est peu serrée; la cassure, légèrement résineuse à l'extérieur, présente des fibres courtes qui se détachent facilement sous le doigt. L'amertume est franche, se développe facilement et sans astriction, avec une saveur légèrement aromatique. Sans doute, on le récolte dans la province de Popayan; car il n'en arrive de temps à autre que quelques surons mélangés avec de grandes quantités de Pitayo. Nous lui conservons le nom que les expéditeurs lui ont donné. Nous

(1) La circulaire d'un fabricant étranger contenait le passage suivant : « Le prix du cinchona calisaya de Bolivie, » si élevé à cause du monopole de l'exportation, a donné lieu à des importations de cinchonas tirés d'autres dis- » tricts, et *dont la qualité diffère grandement de celle du calisaya, en tant qu'ils contiennent principalement* » *de la quinidine.* Les prix plus bas de ces écorces les ont rapidement mises en usage dans beaucoup de fabriques » de quinine, sans qu'on eût égard à leurs principes constitutifs différents ; et, par là, une grande quantité de » quinine, contenant de la quinidine, s'introduit dans le marché et produit *une dépréciation non méritée dans* » *le prix de la quinine.* »

Il n'y avait pas à s'y méprendre : le but évident de cette circulaire était de déprécier les produits de nos fabriques et de donner une valeur croissante au quinquina du monopole de la Bolivie, et au sulfate de quinine *que l'auteur en retirait.* Cette circulaire a été publiée en Angleterre comme en Allemagne, et on l'a répandue avec profusion en France, particulièrement dans nos départements du Haut et du Bas-Rhin.

Dans le mémoire que M. Ossian Henry a lu à l'Académie impériale de médecine, à l'occasion de l'approbation irréfléchie qui avait été donnée au contenu de cette circulaire, nous disions : « Ceux qui prétendent qu'il faut » attribuer une préférence exclusive au quinquina calisaya ne pensent pas que c'est injustement priver tout à la » fois notre navigation, notre industrie, et l'art médical, de la ressource précieuse de tous les quinquinas des » autres parties de l'Amérique du Sud. »

Or, depuis cette époque, le prix du quinquina calisaya s'est élevé de 50 pour 100. Les négociants de la Nouvelle-Grenade, effrayés de la guerre que l'on faisait en France à leurs écorces, ont dirigé leurs envois sur l'Angleterre ; pendant près d'une année, nos navires ont manqué de frets avantageux, et nos voisins, qui avaient fait *chorus* avec nos ennemis de l'intérieur, ont profité comme d'habitude du conflit qu'ils avaient favorisé, et se sont approvisionnés à bon marché.

Voici le passage d'une lettre que M. Delondre a reçue de don Rafaël duque Uribe de Bogota : ..... « Si j'ai » fait diriger plusieurs milliers de surons de quinquina sur le marché de Londres, ce n'a été que forcé par la » guerre acharnée que l'on faisait en France au quinquina de la Nouvelle-Grenade, quand au contraire, à Londres, » tout en ayant l'air de repousser cette marchandise, d'accord avec ce qui se passait en France, elle m'était toujours » achetée à bon prix, et sans donner l'éveil sur ce qui se passait. J'espère que dorénavant, etc..... »

regrettons que ceux qui l'exploitent ne prennent pas plus de soin de conserver les écorces intactes : car, brisées et presque en poussière comme elles arrivent jusqu'à présent, l'acheteur ne peut s'assurer de la qualité que par l'analyse ; ou bien les propriétaires devraient prendre le soin d'apposer un cachet sur les surons pour garantir l'exactitude de son origine. Ce quinquina mérite bien le nom de *calisaya*, puisque son produit est, comme celui de Bolivie, de 30 à 32 grammes sulfate de quinine, et 3 ou 4 grammes de cinchonine par kilogramme.

Quinquina jaune orangé roulé (**Nouvelle-Grenade**). — **Planche XI.**

Nous avons rencontré ce quinquina en surons du même poids que les autres, de 50 à 55 kilogrammes, mélangé au milieu d'autres surons du quinquina orangé en grosses écorces. C'est une des variétés annoncées par Mutis, en outre des sept espèces qu'il avait découvertes ; et nous devons dire, en passant, que c'est surtout dans cette espèce que l'on rencontre encore d'autres variétés, mais qui toutes se rapprochent des deux que nous décrivons. Les écorces sont longues, minces, roulées sur elles-mêmes comme de la cannelle Ceylan, dont elles ont la couleur. Les plus fortes atteignent 4 millimètres ; mais il y en a beaucoup qui n'ont que 1 millimètre d'épaisseur. La surface externe est lisse, avec quelques traces d'un épiderme blanc, mince, jaune un peu rouge ; la surface interne est d'un jaune plus clair. La cassure est fibreuse en dedans et résineuse en dehors. L'amertume est franche et se développe facilement sans astriction. Ce quinquina produit 18 grammes sulfate de quinine, et 4 à 5 grammes sulfate de cinchonine par kilogramme.

Quinquina pitayo (**Nouvelle-Grenade**). — **Planche XII.**

On l'exploite dans les forêts de Pitayo, province de Popayan ; il arrive principalement par le port de Buenaventura, sur la côte du Pacifique, parce que les frais de transport sont moindres que par Sainte-Marthe et Carthagène. Nous avons reçu un des premiers échantillons de ce quinquina en 1830 ; l'analyse en fut faite par M. Ossian Henry, qui constata sa richesse en quinine et en cinchonine. A l'occasion du nouvel alcaloïde que M. Peretti, de Milan, avait cru rencontrer, en 1839, dans ce quinquina, et auquel il donnait le nom de *pitayne*, M. Guibourt a prouvé que l'on devait placer cette écorce au nombre des plus riches et des plus fébrifuges ; mais qu'elle ne contenait pas d'autre alcaloïde que la quinine et la cinchonine. Les écorces varient en épaisseur de 2 à 15 millimètres, et en longueur de 3 à 15 centimètres,— celles de moindre dimension sont souvent contournées par la dessiccation. Il est très fâcheux que lors de l'exploitation on prenne si peu de soins, comme pour le précédent, de conserver ces écorces sans les briser ; car au milieu des petits morceaux et souvent de la poussière qui forment plus de la moitié des surons, il est difficile de reconnaître s'il n'y a pas mélange d'écorces inférieures, soit par fraude, soit par ignorance. La surface interne, rouge pâle, est d'une texture très serrée, quelquefois lisse, d'autres fois avec des sillons longitudinaux très profonds; la surface externe est rugueuse, fendillée irrégulièrement, recouverte d'un épiderme adhérent fortement au derme, auquel sont attachées des exfoliations blanches ou grises. La fracture transversale est rouge brun à fibres fines, se détachant difficilement et présentant sous l'épiderme une couche résineuse très marquée. Saveur amère, un peu styptique, et légèrement piquante; lente à se développer, mais très persistante. Ce quinquina fournit 20 à 25 grammes sulfate de quinine, et 10 à 12 grammes sulfate de cinchonine par kilogramme.

Quinquina Carthagène ligneux (Nouvelle-Grenade). — Planche XIII.

Nous laissons subsister le nom sous lequel cette espèce de quinquina a toujours été connue dans le commerce; c'est celle que nous avons le plus anciennement traitée dans nos fabriques, et qui a eu pendant longtemps nos préférences, et avec raison, puisqu'elle produit 20 grammes sulfate de quinine par kilogramme, sans traces de cinchonine. Les écorces se distinguent des autres espèces à la cassure, qui présente de longues fibres extrêmement flexibles. La surface externe conserve presque toujours son épiderme, qui est très mince et fortement adhérent, d'un jaune rougeâtre, avec quelques taches blanches; la couleur interne est d'un jaune fauve qui approche de celle du calisaya de Bolivie. La texture est unie, mais laisse apercevoir les longues fibres dont elle est formée. L'amertume se développe facilement, n'est nullement styptique, et persiste pendant longtemps.

Quinquina jaune orangé de Mutis (Nouvelle-Grenade). — Planche XIV.

A la surface interne, cette écorce est d'un jaune orangé un peu rouge; l'épaisseur est de 2 à 8 millimètres dans l'ensemble des surons; la texture est uniforme comme dans le quinquina calisaya de Bolivie, mais moins serrée et à fibres plus longues et flexibles. La surface extérieure est presque lisse, et d'un jaune plus rouge qu'à l'intérieur, quoique assez uniforme, quelquefois fendillée transversalement avec des traces blanchâtres de l'épiderme très mince qui y est resté. Fracture transversale ligneuse en dedans et subéreuse en dehors. Amertume franche, approchant de celle du calisaya, peu styptique, persistante et légèrement aromatique. Ce quinquina produit 15 à 16 grammes sulfate de quinine, et 8 à 10 grammes sulfate de cinchonine par kilogramme.

Nous avons dit, à la description de chaque espèce, que, par kilogramme d'écorces :

Le quinquina calisaya de Bolivie produisait	32 grammes de sulfate de quinine,	8 grammes de sulfate de cinchonine.
Le jaune orangé de la Nouvelle-Grenade .	16 — —	8 — —
Le rouge de Cuzco	4 — —	12 — —

En traitant séparément des milliers de kilogrammes, le rendement n'a presque pas varié; mais, dans l'espoir d'arriver à une preuve plus concluante de la nécessité d'admettre tous les quinquinas, nous avons mis en fabrication le mélange très exact suivant, dont le produit séparé, comme on vient de le voir, devait être :

De 51 kil.	200 gr. sulfate de quinine,	12 kil.	800 gr. sulfate de cinchonine pour	1600 kil.	quinquina calisaya.
25	600 —	12	800 —	1600	quinquina jaune orangé.
6	400 —	19	200 —	1600	quinquina rouge de Cuzco.
83 kil.	200 gr. sulfate de quinine,	44 kil.	800 gr. sulfate de cinchonine pour	4800 kil.	quinquina.

Après avoir répété les mêmes opérations pendant plusieurs mois, nous avons obtenu de cette quantité de mélange un produit constant de 108 kilogrammes sulfate de quinine et 20 kilogrammes sulfate de cinchonine. Le sulfate de quinine qui en provient est parfaitement soluble dans 8 parties d'éther et 2 parties d'ammoniaque, et il est impossible d'y trouver de traces de cinchonine; il résulte donc qu'il faut admettre, comme Laubert l'avait déjà fait pressentir, que beaucoup de quinquinas ont certaines propriétés qui se prêtent un mutuel appui et que l'on doit se garder d'en rejeter aucun, comme l'a fort bien dit M. Soubeiran, puisqu'en les réunissant dans une pondération aussi exacte que possible, en raison de leurs principes connus, ils se complètent, ou se modifient, ou s'opposent à des altérations du sulfate de quinine, qui ne sont que trop réelles et encore peu définies. C'est ici que l'on ne saurait trop faire ressortir de nouveau les services que la découverte de Pelletier et Caventou a rendus à la science médicale en la débarrassant de tant d'incertitudes. Avant leurs beaux travaux, le médecin ordonnait le quinquina en nature, dont l'efficacité variait non seulement à chaque espèce, mais encore à chaque écorce; maintenant, ce n'est plus dans l'ensemble de quelques surons de même sorte, mais d'espèces bien distinctes, que nous pouvons extraire les principes dont on retire le sulfate de quinine le plus pur, en isolant même la cinchonine qui surabonde.

Quinquina rouge de Mutis (Nouvelle-Grenade). — Planche XV.

Les écorces de ce quinquina sont épaisses de 2 à 15 millimètres dans l'ensemble des surons. La face interne est d'un rouge brun; la texture est très serrée avec quelques sillons longitudinaux, très profonds dans les grosses écorces. L'extérieur est d'un rouge plus clair, uni et spongieux, couvert par places d'un épiderme très léger, très adhérent, avec des traces d'un blanc terne, et, dans quelques endroits, de croûtes qui se détachent facilement et laissent des excavations profondes. La fracture transversale est légèrement rosée, à fibres longues et flexibles à l'intérieur et subéreuse à l'extérieur. L'amertume se développe facilement et persiste sans astriction, mais sans le goût aromatique particulier au jaune orangé et à ses variétés. La surface interne des jeunes écorces, roulées ou non, est d'une couleur rouge un peu plus claire; la texture est plus unie à l'intérieur, tandis qu'à l'extérieur elle est plus raboteuse. C'est de tous les quinquinas de la Nouvelle-Grenade celui qui est arrivé le plus rarement et dont nous avons le moins encouragé l'exploitation, comme nous l'avons dit plus haut. On en retire 12 à 14 grammes sulfate de quinine, et 6 à 7 grammes sulfate de cinchonine. Du sulfate de quinine qu'il produit, on obtient la cristallisation à laquelle MM. Henry et Delondre ont donné en 1833 le nom de *quinidine*, qu'ils pensaient être un état particulier d'hydratation, qui dans ces derniers temps a été l'objet de tant de controverses, et qui a formé le sujet du beau mémoire que M. Pasteur a lu l'Académie des sciences en juillet 1853. Les alcaloïdes qui se rencontrent dans ce quinquina, ainsi que sa couleur, le rapprochent singulièrement du quinquina rouge de Quito, comme nous l'avons fait remarquer à l'article *Quina rouge vif*.

Quinquina jaune de Mutis (Nouvelle-Grenade). — Planche XVI.

Ce quinquina présente au premier aspect les caractères du quinquina jaune orangé, mais la couleur interne est d'un jaune ocreux, la texture moins unie, avec des sillons longitudinaux assez profonds à la surface interne, surtout dans les grosses écorces. La surface externe est plus ou moins ridée, d'un jaune plus terne, avec des traces blanchâtres d'épiderme, et par places des croûtes qui s'enlèvent facilement et forment des excavations plus ou moins profondes. Les fibres intérieures, comme dans les précédents, sont longues et flexibles. La saveur est amère, légèrement acide, et plus styptique que celle du jaune orangé. Le produit est de 12 à 14 grammes sulfate de quinine, et de 5 à 6 grammes sulfate de cinchonine. On retire aussi du sulfate de quinine une portion de quinidine.

Quinquina Carthagène rosé (Nouvelle-Grenade). — Planche XVII.

Nous n'avons eu à notre disposition que quelques surons de ce quinquina, nous n'en avions jamais vu de semblable; nous savons qu'il provient des forêts de Ocaña, près la rivière de la Madeleine. Pour le distinguer des autres, nous ne pouvons que lui conserver le nom et la description sous lesquels notre jeune ami Ossian Henry fils l'a désigné en publiant l'analyse que nous lui en avions confiée, et qui, d'après le mémoire inséré dans le *Journal de pharmacie* de décembre 1853, donne 18 grammes sulfate de quinine, et 4 grammes sulfate de cinchonine par kilogramme.

Ce quinquina est encore une richesse de la Nouvelle-Grenade et complète les sept espèces bien caractérisées qui forment le nombre des découvertes de Mutis annoncées par Zéa. Les autres variétés, comme nous l'avons déjà dit, appartiennent au quinquina orangé et sont assez nombreuses. L'épaisseur des écorces plates du quinquina rosé varie de 2 à 6 millimètres. L'amertume se développe facilement et sans astriction. La surface externe, d'un rose foncé, est marquée de sillons longitudinaux assez profonds, avec quelques aspérités transversales qui portent l'empreinte de l'épiderme enlevé; la surface interne est un peu plus claire, tirant sur le jaune. La cassure transversale est nette, à fibres moyennes, d'une couleur rose, formant une tenture unie sans être serrée et peu résineuse à l'extérieur.

Quinquina maracaïbo (Nouvelle-Grenade). — Planche XVIII.

Ce quinquina a pris son nom du port où il arrive de l'intérieur, et ne contient presque que de la cinchonine. L'écorce, en formes de petits copeaux, varie en longueur de 2 à 4 centimètres; en épaisseur, de 1 à 3 millimètres. Quelquefois la texture est très serrée et d'une cassure résineuse; d'autres fois les fibres sont molles et se détachent facilement. La surface externe est tantôt recouverte d'un épiderme très mince avec des marques blanches, et tantôt il n'en reste pas traces, et l'on aperçoit des sillons longitudinaux irréguliers, mais très rapprochés. Saveur amère, désagréable, lente à se développer et ne persistant pas, sans astriction. On retire de ces écorces 10 à 12 grammes sulfate de cinchonine, et 2 à 3 grammes sulfate de quinine.

QUINQUINAS DE QUALITÉ INFÉRIEURE.

Nous allons nous occuper de six espèces qui méritent notre attention comme les précédentes, non pas à cause de leur utilité, mais pour démontrer qu'il faut les éloigner de la consommation, et pour engager ceux qui exploitent les forêts à ne pas les confondre avec les bonnes espèces.

Quinquina jaune de Cuzco (Pérou). — Planche XIX.

Nous l'avons rencontré dans les forêts de Santa-Ana, dans notre excursion avec M. Weddell, et nous n'avons pas hésité à le reconnaître comme étant l'espèce de laquelle Pelletier et M. Coriol avaient extrait l'alcaloïde qu'ils avaient nommé *aricine*, du port d'Arica, où l'on avait embarqué ce quinquina, qui arrive aussi par le port d'Islay en surons de 70 à 75 kilogrammes. C'est celui auquel M. Weddell a attribué la dénomination botanique de *pubescens*. Ce quinquina et son produit ne peuvent être considérés que comme objets du curiosité, puisque l'on en retire avec beaucoup de peine 60 centigrammes par kilogramme d'aiguilles soyeuses d'une couleur dorée assez éclatante, solubles dans 8 parties d'éther et 2 parties d'ammoniaque, comme le sulfate de quinine le plus pur. L'acide nitrique concentré conserve à cette cristallisation et à son précipité la même couleur dorée très éclatante; après de nouvelles purifications on obtient les aiguilles avec le même éclat soyeux, mais la couleur jaune disparaît successivement. Ce quinquina est jaune couleur de rouille à la surface externe, un peu moins foncé à la surface interne. La cassure est nette, d'une texture serrée à fibres courtes. L'amertume est lente à se développer et d'un goût de moisi désagréable et styptique (1).

Quinquina brun de Cuzco (Pérou). — Planche XIX.

Cette espèce, qui se trouve également dans les forêts de Cuzco, est presque toujours mélangée sans discernement avec le précédent. La surface externe est unie, d'un brun sombre; la face interne est un peu moins foncée. La cassure est nette, à fibres fines extrêmement serrées, résineuse sous un épiderme très mince auquel sont adhérentes des pellicules d'un blanc verdâtre. L'amertume est très faible et se développe difficilement; styptique et d'un goût désagréable. Nous avons retiré de cette écorce, après plus d'une opération, à peine 30 centigrammes sulfate de quinine par kilogramme.

Quinquina gris roulé (Équateur). — Planche XX.

Quelques surons de ce quinquina sont arrivés avec des quinquinas rouges et des quinquinas jaunes de Quito, par Guayaquil. Ce sont des écorces roulées avec un épiderme très rugueux, très adhérent au derme, fendillé dans tous les sens, avec crêtes saillantes. La cassure est nette et grenue; en coupant cette écorce, on dirait d'un bois sec et résineux, susceptible de recevoir le poli. La surface interne est lisse, unie, couleur brune. L'amertume est lente à se développer, piquante, styptique. L'épaisseur est de 5 à 8 millimètres. Nous en avons retiré 60 centigrammes sulfate de quinine par kilogramme.

(1) D'après les caractères indiqués par Berzelius, l'acide nitrique concentré devrait décomposer la base, et le mélange prendre une couleur verte très intense. En rappelant nos souvenirs de plus de vingt ans, nous pensons que le quinquina dans lequel Pelletier a trouvé l'aricine provenait de la Bolivie. Nous en avons examiné des échantillons au Musée d'histoire naturelle, et nous avons jugé avec M. Weddell, par la comparaison, que c'était bien le même *C. pubescens* que celui des forêts de Santa-Ana.

Quinquina des îles de Lagos (côte d'Afrique). — Planche XX.

Nous avions depuis longtemps entendu parler d'une espèce de quinquina avec lequel on guérissait les fièvres sur la côte d'Afrique, et dont les vertus dépassaient, disait-on, celles des quinquinas de l'Amérique. Nous devons à la complaisance de MM. Kestner et Ménard du Havre, outre les détails sur la provenance, une caisse qu'ils avaient reçue pour échantillon et qui nous a permis d'en faire l'analyse sur 60 kilogrammes. Mais cette analyse, assez coûteuse, a été loin de répondre à la renommée de cette écorce, car nous n'avons obtenu, après beaucoup de travail, que 60 centigrammes sulfate de cinchonine par kilogramme. Ces écorces sont très larges et très longues; elles proviennent d'un arbre qui croît dans les îles de Lagos (côte d'Afrique). L'épiderme ressemble un peu à celui de l'écorce du marronnier, lorsque l'on en a gratté les aspérités; il est très adhérent au derme, avec sillons longitudinaux espacés et se détachant facilement en longues fibres filandreuses. La couleur extérieure est jaune terne. La surface interne est plus claire, et la cassure développe de longues fibres très larges couleur citron, se détachant difficilement. L'amertume se développe assez promptement, sans astriction, mais laisse un goût désagréable qui persiste longtemps.

Quinquina rouge pâle (Nouvelle-Grenade). — Planche XXI.

Avec les quelques surons de quinquina rosé de la Nouvelle-Grenade dont nous avons parlé, il y en avait un autre contenant trois échantillons provenant également de la province de Ocaña. Ces trois échantillons ont été analysés et décrits, comme le rosé, par M. Ossian Henry fils, dans le même mémoire. Le premier de ces échantillons, dont nous nous occupons en ce moment, est en écorces épaisses de 3 à 4 millimètres, couvertes avec un épiderme gris sombre assez épais, se rapprochant de celui du quinquina gris de Huanuco, avec fissures longitudinales et transversales espacées. La surface interne est brune; la texture est fine; la cassure est à fibres courtes qui se détachent facilement, avec un cercle résineux sous l'épiderme. L'amertume est styptique et désagréable, très lente à se développer. Ces écorces ont donné 18 centigrammes sulfate de quinine, et 2 centigrammes sulfate de cinchonine par kilogramme.

Quinquina blanc (Nouvelle-Grenade). — Planche XXII.

C'est le second échantillon dont nous venons de parler, et dans lequel M. Ossian Henry fils a trouvé 6 centigrammes sulfate de quinine et 12 centigrammes sulfate de cinchonine par kilogramme. Les écorces sont plates, très larges, sans épiderme; la texture est fine et serrée. Cette écorce croque sous la dent, se coupe comme du bois très dur, et est susceptible de recevoir le poli. L'amertume est très lente à se développer et est désagréable, mais sans astriction. Les surfaces internes et externes sont d'un blanc obscur. La cassure ressemble à celle du bois de frêne.

FAUX QUINQUINAS.

Après avoir décrit les quinquinas de bonne, de moyenne et de basse qualité, il nous a semblé très important de faire connaître les fausses écorces qui ont été offertes et qui pourraient l'être encore comme de vrais quinquinas. Nous commençons par le troisième échantillon qui a été envoyé de la province d'Ocaña avec ceux de même provenance dont nous venons de parler.

Écorces rouges (Nouvelle-Grenade). — Planche XXI.

Dans le mémoire de M. Ossian Henry fils, il annonce ne pas avoir trouvé de traces d'alcaloïde dans cette écorce en gros cylindres, d'un rouge brun à la surface externe, avec quelques traces d'exfoliations blanches. La surface interne est plus foncée et présente à la cassure des fibres longues rouge pâle; en mâchant ces écorces, on éprouve une grande stypticité, mais sans amertume.

Petites écorces rouges (Brésil). — Planche XXII.

Ces écorces nous ont été données par MM. Léon Lecomte et Cie, du Havre, qui les avaient reçues de Rio-Janeiro comme provenant d'arbres qui croissent sur les bords de l'Amazone. Elles sont en petits morceaux contournés par la dessiccation. La surface externe est sans épiderme et lisse, d'un rouge brun; la surface interne est un peu moins foncée. La texture est fine et serrée; en les mâchant, on forme une espèce de pâte styptique et sans amertume.

Petites écorces blanches (Brésil). — Planche XXII.

Ces écorces proviennent de la même source que les précédentes, elles ont l'apparence de l'angusture. En les mâchant, nous avons senti une saveur sucrée qui s'est dissipée pour faire place à une légère amertume. Ces écorces sont en petits morceaux de 2 à 3 centimètres de longueur et 3 à 4 millimètres d'épaisseur. La surface externe est unie et sans épiderme, d'un blanc légèrement rosé; la surface interne est plus blanche. La cassure fait voir une texture sans fibres et comme granulée.

Écorces rouges sans épiderme (Nouvelle-Grenade). — Planche XXIII.

C'est à cette écorce que l'on a donné, nous ne savons pourquoi, le nom de *quina nova*, et que l'on supposait être une des découvertes de Mutis, ainsi que nous l'avons expliqué, et dont près de 400 surons ont été brûlés publiquement. Ces écorces sans épiderme sont d'un rouge lie de vin à la surface externe, quelquefois avec fissures transversales, d'autres fois sans fissures. La surface interne est assez unie et laisse apercevoir les fibres d'un rouge moins foncé. La cassure ressemble un peu à celle du bois de merisier. En sciant ou en coupant les écorces, la texture très serrée prend le poli. En les mâchant, on ressent une astriction désagréable, mais pas d'amertume.

Écorces rouges avec épiderme (république Argentine). — Planche XXIII.

Ainsi que nous l'avons dit, nous devons ces écorces à l'obligeance de MM. Quesnel frères, qui en avaient reçu de Buenos-Ayres une assez forte partie, qu'ils ont également fait brûler publiquement. L'épaisseur de ces écorces est de 6 à 12 millimètres; l'épiderme est rugueux, fendillé dans tous les sens. La surface interne est d'un blanc sombre. La cassure présente une couche successive de feuilles rose pâle qui se distingue parfaitement après avoir scié ou coupé les écorces. En les mâchant, on ne sent pas d'amertume, mais un goût aromatique assez agréable et sans astriction.

QUATRIÈME PARTIE.

DÉDUCTIONS PRATIQUES.

Nous n'avons pas la prétention d'avoir décrit toutes les espèces de quinquinas, nous avons parlé de celles qui sont le plus connues, et qui ont passé sous nos yeux depuis plus de trente ans, nous réservant,

Pour peu que Dieu nous prête vie !

de compléter notre travail au fur et à mesure des échantillons qui nous parviendront.

Nous espérons avoir démontré que l'alcaloïde qui forme en grande partie de base des quinquinas préférés pendant un siècle et demi est la *cinchonine*, que l'un de nous, M. Delondre, isole avec soin maintenant de la quinine; mais on comprendra sans peine que l'emploi général que l'on fait aujourd'hui des quinquinas riches à la fois en quinine et en cinchonine rend très désirable la recherche d'un moyen pratique qui, en respectant les habitudes prises, permette d'utiliser la cinchonine. C'est en effet le seul moyen efficace de maintenir la quinine à un prix modéré.

Tous les essais qui ont été faits à notre sollicitation et aux frais de M. A. Delondre, depuis plus d'un an, par M. le docteur Hudellet à Bourg-en-Bresse (Ain), tant à l'hôpital que dans sa clientèle en Dombes, où les fièvres paludéennes sont endémiques, ainsi que par M. le docteur Beauregard dans le canton de l'Eure, près le Havre, ont prouvé qu'il n'y avait pas *un seul cas* où le sulfate de cinchonine n'ait eu la même efficacité que le sulfate de quinine. Ces messieurs doivent publier chacun leurs observations comparatives, qui sont d'un grand intérêt, et nous n'insisterons pas davantage sur les résultats qu'ils nous ont communiqués.

Il en est de même pour les observations qui ont été recueillies par M. le docteur Wahu, chef de l'hôpital civil et militaire de Cherchell (Algérie), et dont le mémoire vient d'être publié dans son *Annuaire de médecine et de chirurgie pratiques* pour 1854. M. Bouchardat a par-devers lui des faits nombreux qu'il publiera pour arriver à la solution de cette question importante. M. Briquet, dont l'autorité est si grande pour tout ce qui se rapporte à la physiologie et à la thérapeutique des alcalis fébrifuges, estime la cinchonine à sa juste valeur.

Il est de toute évidence qu'il n'y a pas de succédanés ou de composés dont on récompense, on autorise et l'on encourage les essais *incertains*, et qui coûtent souvent fort cher, qui puissent être comparés à l'efficacité *certaine* de la cinchonine.

Que les médecins emploient le sulfate de cinchonine concurremment avec le sulfate de quinine, il n'y a certes rien de plus désirable; mais on sait combien il est difficile de rompre des habitudes prises, surtout lorsqu'elles reposent sur des observations excellentes et qui sont irréprochables, envisagées sous un certain point de vue.

Il faut arriver, selon nous, à faire employer tout à la fois la quinine et la cinchonine en respectant les habitudes prises, et pour cela deux moyens principaux nous semblent indispensables : 1° Adopter l'action physiologique du sulfate de quinine comme unité; fixer le rapport qui existe entre cette unité et les préparations de cinchonine, pour ramener les préparations complexes à l'unité quinique, en faisant varier d'après l'analyse les proportions des matières employées. 2° Réformer d'après ces principes quelques unes des préparations de quinquina du Codex.

Il est un extrait spécial que l'un de nous, M. Delondre, prépare depuis huit années, qu'il a fait expérimenter sur une grande échelle, et qui peut conduire facilement à atteindre le but que nous venons d'indiquer.

On a donné à cet extrait le nom de *quinium*, que nous adopterons volontiers.

Le quinium s'obtient par la lixiviation jusqu'à épuisement, au moyen de l'alcool à 36 degrés, d'un mélange de 3 parties de quinine broyée avec 1 partie de chaux éteinte, et par distillation de l'alcool jusqu'à siccité.

Dans sa pratique ordinaire, M. Delondre, afin de réunir les principes des quinquinas contenant des alcaloïdes en différentes proportions, a toujours soin de faire un ensemble de 2 parties de quinquina calisaya de Bolivie, ou de calisaya de Santa-Fé ou de Pitayo, de 2 parties des quinquinas jaunes de Carthagène, et de 1 partie des quinquinas du Pérou et de l'Équateur, ces derniers fournissant une plus grande proportion de cinchonine.

Mais nous allons montrer, en insistant sur les avantages de cette préparation, comment on peut employer à peu près indifféremment tous les autres quinquinas, en suivant les analyses que nous avons exécutées.

Le quinium renferme, outre la quinine et la cinchonine, tous les principes du quinquina solubles dans l'alcool, dont l'association aux alcalis fébrifuges a été reconnue utile par une longue expérience, et qui faisait regretter dans certains cas l'emploi du quinquina en nature. Le résidu ne renferme, pour ainsi dire, que du ligneux, du rouge cinchonique insoluble, des résines insolubles et des sels (1).

L'intervention de la chaux dans la préparation du quinium a deux avantages : le premier, de concentrer davantage les alcalis fébrifuges; le second, de permettre le dosage immédiat et facile de la quinine et de la cinchonine qu'il contient, en suivant les procédés connus de séparation de ces deux alcaloïdes.

On pourra ainsi non seulement connaître rigoureusement la composition des préparations qu'on emploie, mais encore en vérifier exactement la teneur réelle. C'est ainsi que la grande découverte de Pelletier et Caventou servira au perfectionnement des préparations pharmaceutiques.

Nous allons citer deux exemples qui vont faire comprendre facilement comment on peut exécuter la réforme que nous venons d'indiquer.

Du quinium étant obtenu, sa teneur en quinine et en cinchonine étant rigoureusement établie, admettons le résultat des observations physiologiques et thérapeutiques de M. Briquet et de M. Bouchardat, qui ont établi que la puissance fébrifuge du sulfate de cinchonine était d'un quart plus faible que celle du sulfate de quinine, mais le représentait complétement; rien alors n'est plus facile que de préparer des *granules* qui contiendront chacun l'équivalent fébrifuge de 1 décigramme de sulfate de quinine, et un vin fébrifuge qui contiendra de la quinine ou de la cinchonine représentant l'équivalent fébrifuge de 2 millièmes de quinine.

Précision dans les résultats, produit facile à doser, à vérifier et à administrer, voilà les avantages qui sont réunis à ceux de l'utilisation de toute la cinchonine que pourraient fournir les quinquinas des forêts de la Nouvelle-Grenade, du Pérou et de l'Équateur, comme ceux de la Bolivie.

Avant de terminer, nous ne saurions nous élever avec trop de force contre les déclamations inconsidérées ou intéressées qui ont jeté une défaveur momentanée sur les quinquinas de la Nouvelle-Grenade et des autres parties de l'Amérique méridionale, car nous avons retiré de la plupart de ces quinquinas du sulfate aussi pur que de celui de la Bolivie.

On a pu s'assurer, en outre, que la quinidine qui a servi de prétexte à ces déclamations ne se trouve unie en plus grande proportion à la quinine que dans les quinquinas qui arrivent rarement dans le commerce.

(1) Le quinium, préparé comme nous venons de l'indiquer, contient régulièrement un minimum de 30 pour 100 d'alcaloïdes. Les quinquinas de mauvaise qualité fournissent presque autant de résines; mais ces extraits résineux ne renferment que de faibles proportions d'alcaloïdes.

TABLE DES MATIÈRES.

QUINQUINAS DE QUALITÉ INFÉRIEURE.

PÉROU.

ÉQUATEUR.

COTE D'AFRIQUE.

NOUVELLE-GRENADE.

FAUX QUINQUINAS.

NOUVELLE-GRENADE.

BRÉSIL.

NOUVELLE-GRENADE.

RÉPUBLIQUE ARGENTINE.

QUINQUINA CALISAYA
(BOLIVIE)

Plat sans Epiderme — Roulé avec Epiderme

Pl. I.

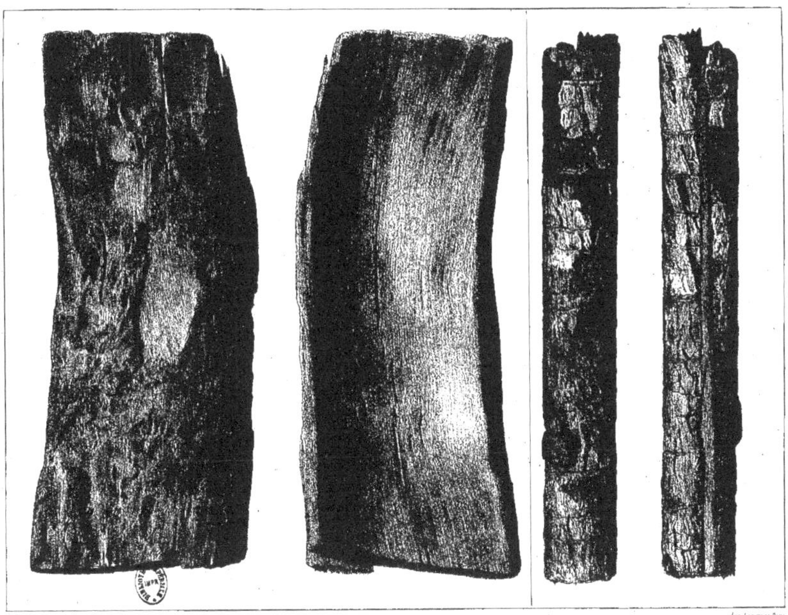

F. Bion. — Imp. Lemercier, Paris.

30 à 32 Gram. Sulfate de Quinine / 6 à 8 Gram. id. de Cinchonine } par Kilogramme { 16 à 20 Gram. Sulfate de Quinine / 6 à 10 Gram. id. de Cinchonine

par A. Delondre

Pl. 2

QUINQUINA CARABAYA
(PÉROU)

Plat sans Épiderme — *Roulé avec Épiderme*

Brun — Imp. Lemercier, Paris

15 à 18 Gram. Sulfate de Quinine 4 à 5 Gram. id. de Cinchonine	par Kilogramme	8 à 10 Gram. Sulfate de Quinine 5 à 6 Gram. id. de Cinchonine

par A. Delondre.

QUINQUINA ROUGE DE CUZCO

Plat sans Epiderme — *Roulé avec Epiderme*

4 Gram. Sulfate de Quinine
12 Gram. id. de Cinchonine } par Kilogramme. { 6 à 8 Gram. Sulfate de Cinchonine.

par A. Delondre.

QUINQUINA HUANUCO.
(PÉROU)

Plat sans Épiderme — *Jaune pâle*

Pl. 4.

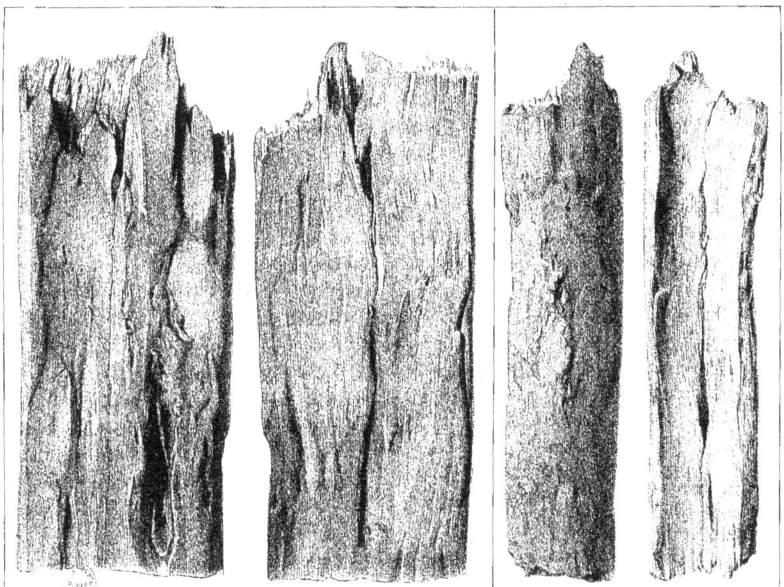

F. Bion — Imp. Lemercier, Paris.

6 Gram. Sulfate de Quinine. }
12 Gram. id. de Cinchonine. }

par Kilogramme

{ 6 Gram. Sulfate de Quinine.
{ 10 Gram. id. de Cinchonine.

par A. Delondre

Pl. 5.

QUINQUINA HUANUCO.
(PÉROU)
Roulé avec Épiderme.

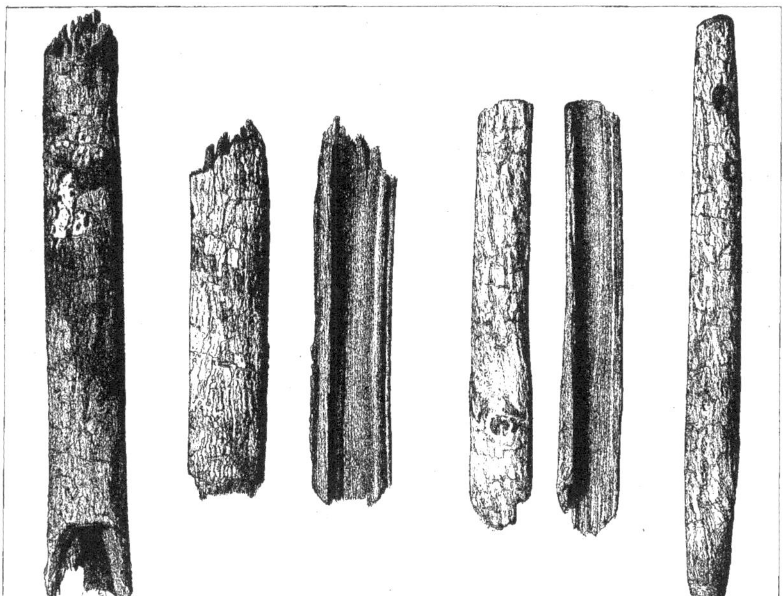

Imp. Lemercier, Paris

2. Gram. Sulfate de Quinine. }
8. à 10 Gram. id. de Cinchonine } *par Kilogramme*

par A. Delondre.

QUINQUINA DE JAEN. (PÉROU)

Pl. 6.

F. Bion

Imp. Lemercier, Paris

10 Gram. Sulfate de Quinine } par Kilogramme.
4 Gram. id. de Cinchonine }

par A. Delondre.

QUINQUINA ROUGE VIF
(ÉQUATEUR)

Pl. 7

E. Bion

Imp. Lemercier, Paris

20 à 25 Gram. Sulfate de Quinine
10 à 12 Gram. id. de Cinchonine } par Kilogramme.

par A. Delondre.

QUINQUINA ROUGE PALE.

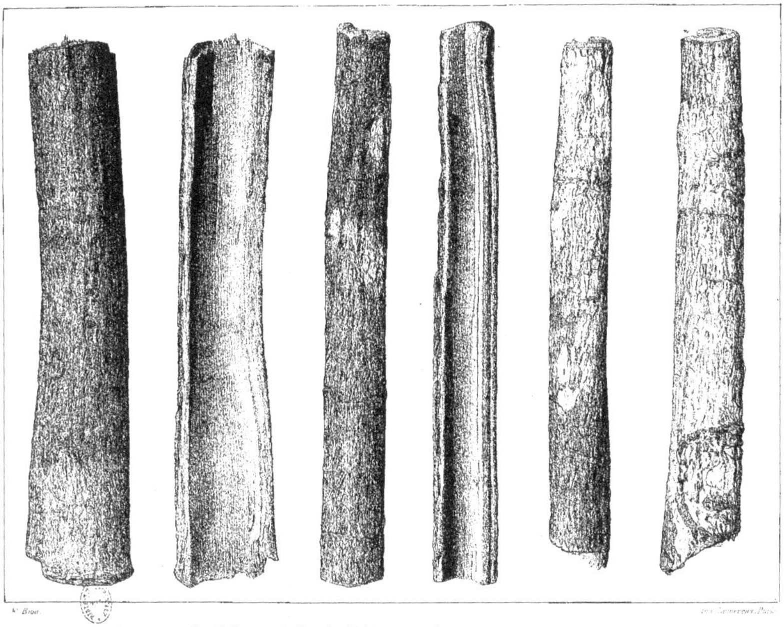

15 à 16 Gram. Sulfate de Quinine } par Kilogramme.
5 à 6 Gram. " de Cinchonine }

par A. Delondre.

Pl 9

QUINQUINA DE LOXA
(ÉQUATEUR)

Gris fin condaminea. *Gris fin negrilla*

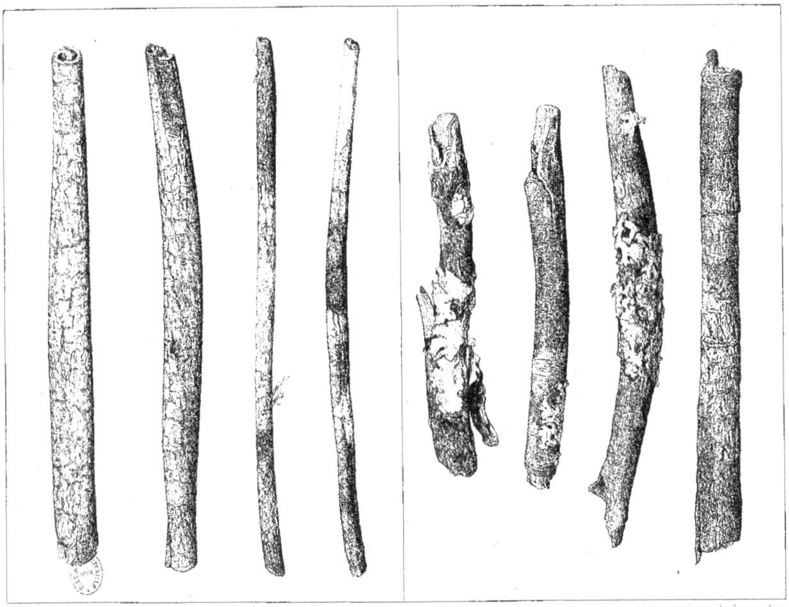

F. Dan — Imp. Lemercier Paris

6 Gram. Sulfate de Quinine 5 Gram. id. de Cinchonine	par Kilogramme	9 Gram. Sulfate de Quinine 10 Gram. id. de Cinchonine

par A. Delondre.

QUINQUINA JAUNE DE GUAYAQUIL
(EQUATEUR)

Pl. 10

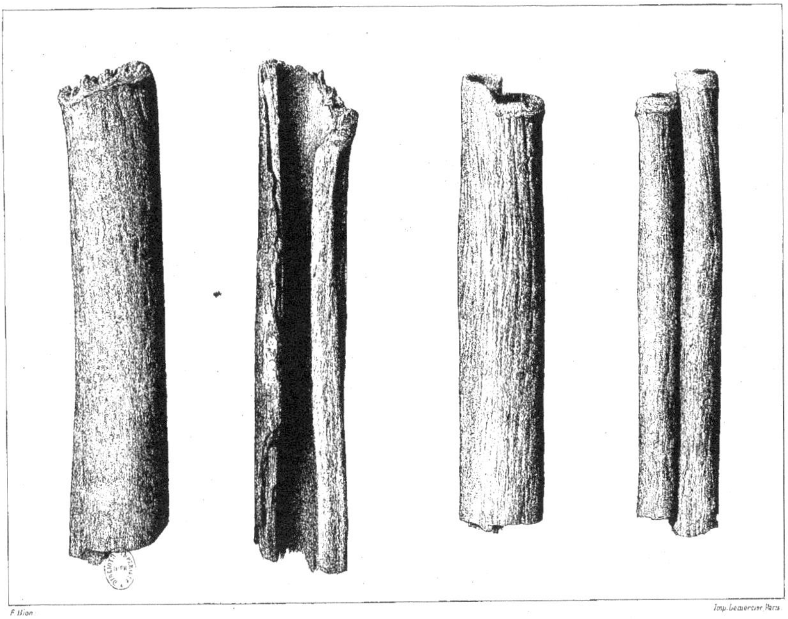

F. Hion. Imp. Lemercier Paris.

30 Gram Sulfate de Cinchonine } par Kilogramme
3 à 4 Gram id de Quinine }

par A. Delondre.

QUINQUINA JAUNE ORANGÉ ROULÉ
(NOUVELLE GRENADE)

Pl. II.

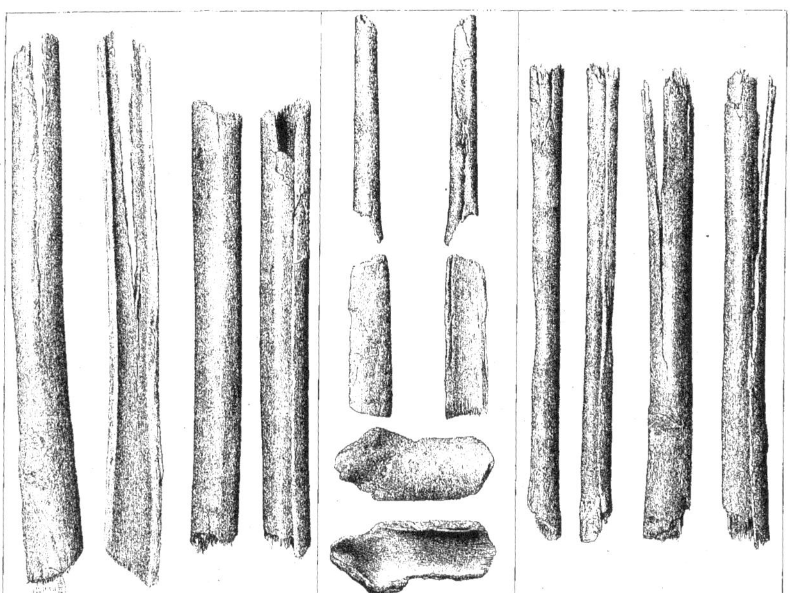

F. Bion — Imp. Lemercier Paris

18 Gram Sulfate de Quinine.
4 à 5 Gram id de Cinchonine
par Kilogramme

Calisaya S^te Fé de Bogota
30 à 32 Gram Sulf de Quinine
3 à 4 Gram. id. de Cinchonine
par Kilogramme

18 Gram Sulfate de Quinine
4 à 5 Gram id de Cinchonine.
par Kilogramme

par A. Delondre.

QUINQUINA PITAYO
(NOUVELLE GRENADE)

Pl. 12

Imp. Lemercier Paris.

20 à 25 Gram. Sulfate de Quinine } par Kilogramme
10 à 12 Gram. id. de Cinchonine }

par A. Delondre.

QUINQUINA CARTHAGÈNE LIGNEUX
(NOUVELLE GRENADE)

Pl. 13.

P. Dion

Imp. Lemercier, Paris

20 Gram. Sulfate de Quinine par Kilogramme.

par A. Delondre.

Pl. 14.

QUINQUINA JAUNE ORANGÉ DE MUTIS.
(NOUVELLE GRENADE)

F. Bion — Imp. Lemercier, Paris.

15 à 16 Gram. Sulfate de Quinine } par Kilogramme.
8 à 10 Gram. id. de Cinchonine }

par A. Delondre.

QUINQUINA ROUGE DE MUTIS.
(NOUVELLE GRENADE.)

Pl. 15.

P. Bion. Imp. Lemercier Paris

12 à 14 Gram. Sulfate de Quinine. }
6 à 7 Gram. id de Cinchonine. } par Kilogramme.

par A. Delondre.

QUINQUINA JAUNE DE MUTIS

Pl. 16.

Imp. Lemercier, Paris.

12 à 14 Gram. Sulfate de Quinine. } par Kilogramme
6 à 7 Gram. de Cinchonine. }

par A. Delondre.

QUINQUINA ROSÉ (NOUVELLE GRENADE)

Pl. 17

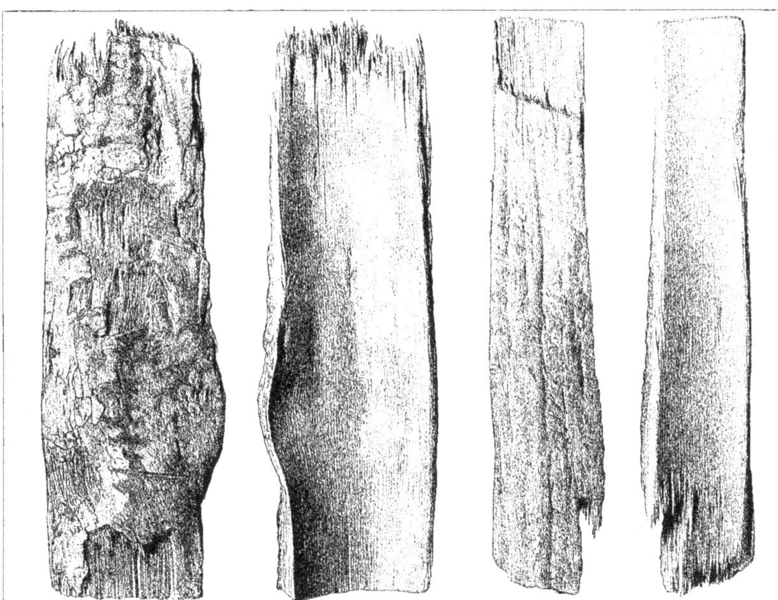

18 Gram. Sulfate de Quinine
4 Gram. id. de Cinchonine } par Kilogramme.

par A. Delondre.

QUINQUINA MARACAYBO
(NOUVELLE GRENADE)

Pl. 18

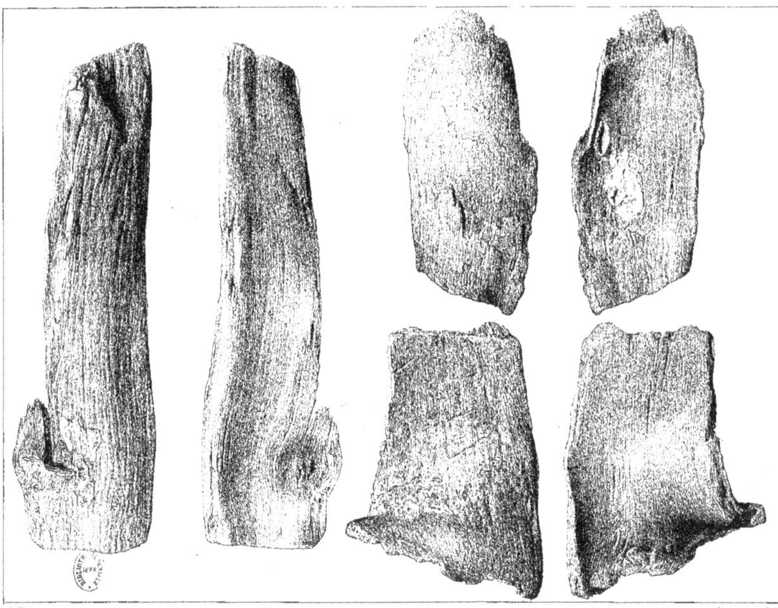

Bion — Imp. Lemercier, Paris

10 Gram. Sulfate de Cinchonine } par Kilogramme.
3 à 4 Gram. id. de Quinine }

par A. Delondre.

QUINQUINA DE CUZCO (PÉROU)

Jaune — Qualité inférieure — Brun

Pl. 19

F. Hion — Imp. Lemercier Paris

60 Centigrammes Sulfate de Quinine (par Kilogramme) 40 Centigrammes Sulfate de Quinine

par A. Delondre

QUINQUINAS DE QUALITÉ INFÉRIEURE

Des Iles de Lagos (Côte d'Afrique) *Gris roulé* (Equateur)

Pl. 80

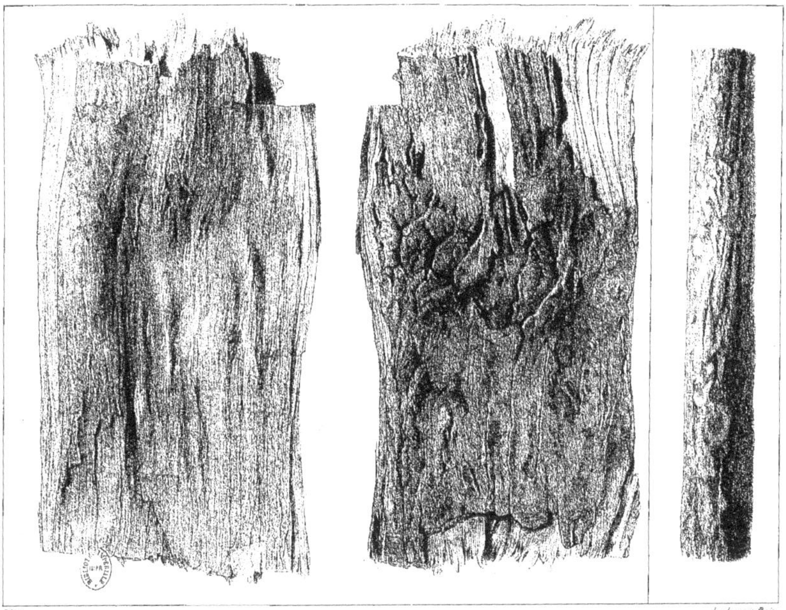

F. Bion. Imp. Lemercier, Paris.

60 Centigram. Sulfate de Cinchonine. } par Kilogramme. { 60 Centigram. Sulfate de Quinine.

par A. Delondre

FAUX QUINQUINA ROUGE BRUN
(NOUVELLE GRENADE)

QUALITÉ INFÉRIEURE ROUGE PÂLE
(NOUVELLE GRENADE)

Pl 21

F Bion

Imp Lemercier, Paris

Ne contient pas d'Alcaloide.

18 Centigrammes Sulfate de Quinine.
2 Centigrammes id de Cinchonine
par Kilogramme.

par A. Delondre

QUINQUINA BLANC (NOUVELLE GRENADE) — FAUX QUINQUINA (BRÉSIL)

Pl. 22.

F. [illegible] — Imp. Lemercier, Paris

Qualité inférieure

6 Centigram. Sulfate de Quinine } par Kilogramme
[illegible] Centigram. do de Cinchonine }

N° 1 *Écorces blanches*
N° 2 *Écorces rouges*
ne contiennent pas d'Alcaloïde

par A. Delondre.

FAUX QUINQUINAS.

(NOUVELLE GRENADE) (RÉPUBLIQUE ARGENTINE)

Pl. 23

P. Bion. Imp. Lemercier, Paris

Rouge sans Epiderme dit Quina nova
ne contient pas d'Alcaloïde.

Rouge avec Epiderme
ne contient pas d'Alcaloïde.

par A. Delondre.

Longitude Occ.le du Méridien de Paris.

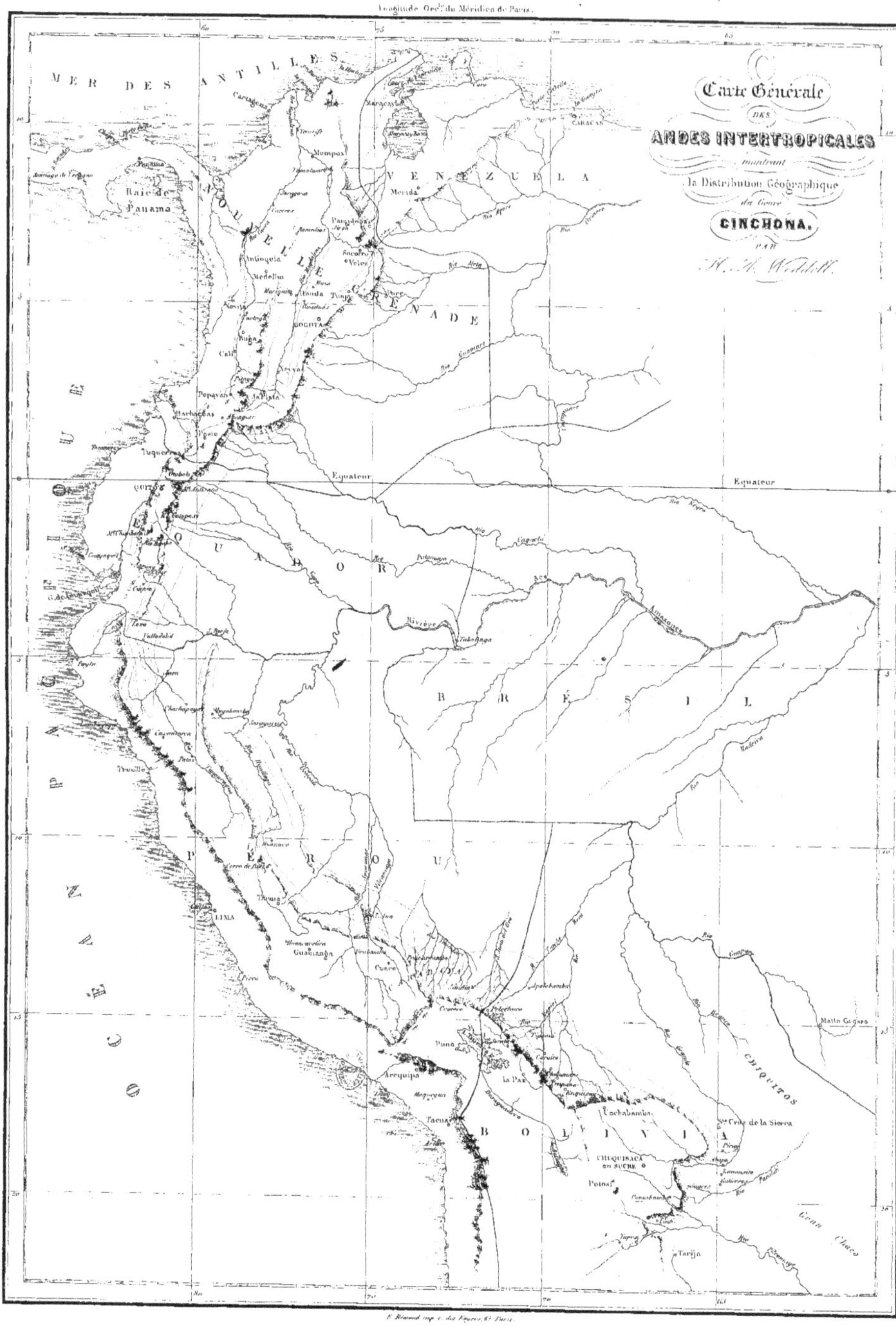

F. Bénard imp. r. des Noyers, 6? Paris.

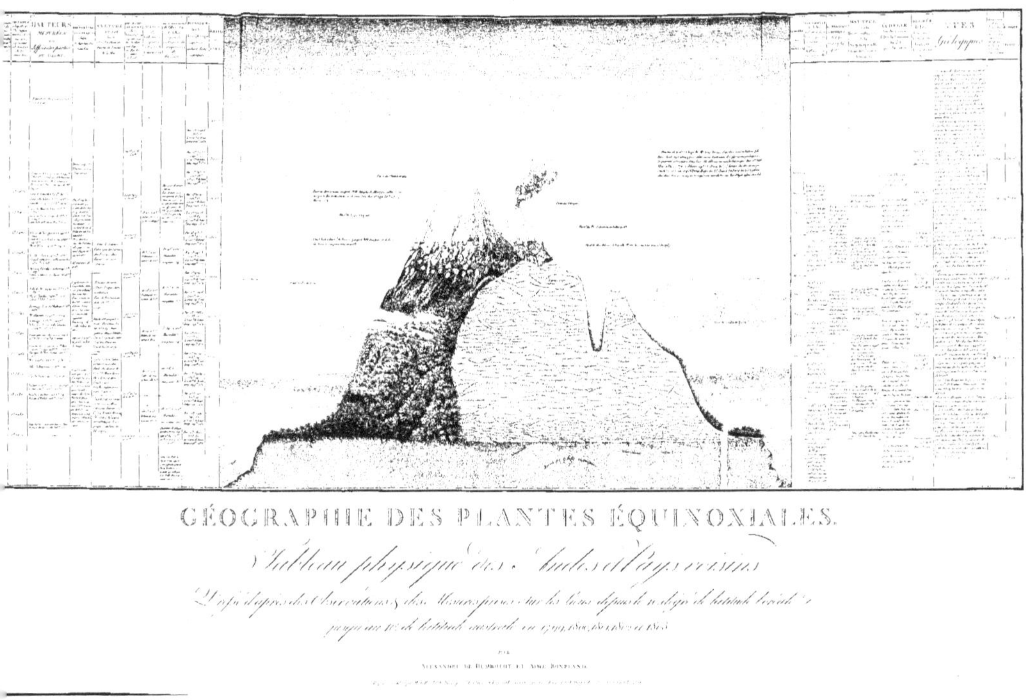

GÉOGRAPHIE DES PLANTES ÉQUINOXIALES.

Tableau physique des Andes et Pays voisins

Dressé d'après des Observations & des Mesures prises sur les Lieux depuis le 10e degré de latitude boréale jusqu'au 10e de latitude australe en 1799, 1800, 1801, 1802 et 1803

PAR

ALEXANDRE DE HUMBOLDT ET AIMÉ BONPLAND.

www.ingramcontent.com/pod-product-compliance
Ingram Content Group UK Ltd.
Pitfield, Milton Keynes, MK11 3LW, UK
UKHW031925260826
14628UKWH00003B/1430

9 782014 113488